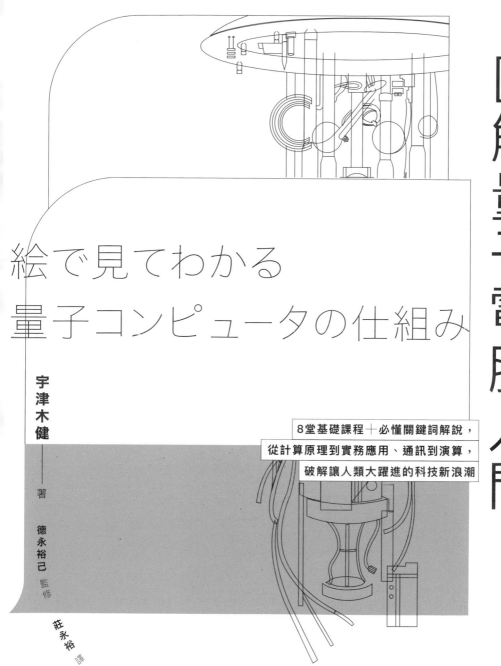

圖解量子電腦入門

絵で見てわかる
量子コンピュータの仕組み

宇津木健

——

著

德永裕己 監修

莊永裕 譯

8堂基礎課程＋必懂關鍵詞解說，
從計算原理到實務應用、通訊到演算，
破解讓人類大躍進的科技新浪潮

# 前言

　　非常感謝您將本書拿在手中。本書期使成為了解量子電腦最開始的「入口」，以此撰寫這本解說書，而非以物理學專家為目標讀者。

　　現今新聞裡也會突然出現「量子電腦」一詞，讓人感覺這個詞彙正成為新世代技術代名詞之一。對非專業人士來說，「量子電腦」這個關鍵字變得經常有機會看到。然而，關於量子電腦，提供給初學者、解說其整體樣貌的書籍仍然相當少。此外，如果試著在網路上搜尋量子電腦，會發現資訊散落在網路各處，統整完備的資料非常少。目前關於量子電腦的新聞報導或解說資訊，各有其對於量子電腦的思考方向，不太容易看出當下真正的進展。因此，量子電腦的實用程度如何？以什麼樣的原理來動作？有哪些方式，它們又有何差異？對於這些疑問的解答，應該不容易掌握。

　　量子電腦不同於機器學習或 IoT、VR/AR 等新世代的技術，含括的面向包括量子物理學、資訊理論、計算機科學的基礎研究，很難藉由試著做做看來理解。不僅如此，一般的解說書籍往往以比喻的方式來說明量子的性質，少有更進一步的詳細解說，必須研讀專門書籍或研究論文才行。本書的定位介於一般解說書籍與專門書籍和研究論文之間，目標是成為量子電腦相關資訊的導覽。如果能讓「沒有導覽便不知道前進方向」的讀者運用，將由衷感到高興。

2019 年 5 月吉日

**宇津木健**

# 本書的架構

　　本書蒐羅量子電腦的各種知識組合而成。為了讓非專業人士也能簡單理解，目標是不需要懂任何專業詞彙和知識便能閱讀。此外，看到量子電腦相關新聞卻不解其意時，希望可用本書做為參考。因此，書中也收錄了與量子電腦並非直接相關但有關聯的關鍵字。各章節內容並未逐項皆深入，有些僅說明關鍵字概念。這是為了讓本書成為進而閱讀個別專門書籍的入口。衷心期盼讀者能參閱書末參考文獻，邁向下一個階段。

# CONTENTS

# 【第3章】 量子位元

# 【第4章】 量子閘入門

# 【第5章】 量子電路入門

# 【第6章】 量子演算法入門

# 【第7章】 量子退火

# 【第 8 章】 量子位元的製作方法

# COLUMN

# 圖片出處

第 1 章圖 1.13

JohnvonNeumann-LosAlamos.gif

https://en.wikipedia.org/wiki/John_von_Neumann#/media/File:JohnvonNeumann-LosAlamos.gif

第 7 章圖 7.15

D-wave computer inside of the Pleiades supercomputer.jpg

This file is licensed under the Creative Commons Attribution-Share Alike 4.0 nternational license.

Author: Oleg Alexandrov

https://commons.wikimedia.org/wiki/File:D-wave_computer_inside_of_the_Pleiades_supercomputer.jpg

第 8 章圖 8.6

左：David J. Wineland 3 2012.jpg

This file is licensed under the Creative Commons Attribution 2.0 Generic license.

Author: Bengt Nyman

https://commons.wikimedia.org/wiki/File:David_J._Wineland_3_2012.jpg

右：Chris Monroe in Lab.jpg

This file is licensed under the Creative Commons Attribution-Share Alike 3.0 Unported license.

Author: Marym1234

https://commons.wikimedia.org/wiki/File:Chris_Monroe_in_Lab.jpg

# 第 1 章

# 量子電腦入門

本章解說從現有電腦發展至量子電腦的背景，以及實現量子電腦的應用方式，以便掌握量子電腦的概念。

圖 1.1　計算機的發展

## 1.1.2　電腦的局限

　　這種使用電力的計算機，也就是電腦，終究有其局限。至今約六十年間，電腦持續進化，變得能高速計算，而且更容易使用。然而，人類想解決的問題也以相近的速度不斷進化（複雜化、繁雜化）。對於複雜的三維物體之模擬或量子力學行為的物質之模擬，即使用現在最先進的電腦也不容易計算出來。近來名為「區塊鏈」（blockchain）的技術廣受矚目，這是利用現在的電腦也難以計算的問題所打造的系統。此外，稱為機器學習的技術備受關注，這也是必須費時計算求解問題。

　　因此，突破目前電腦的局限至關重要，咸信若能實現將會讓世界變得更美好（圖 1.2）。那麼，究竟該怎麼做才能突破電腦的局限呢？答案之一，就是深受期待的**量子電腦**。

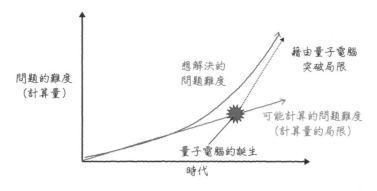

圖 1.2　藉由量子電腦突破局限

### 1.1.3　所謂量子電腦是什麼？

　　量子電腦正做為新世代的高速計算機進行研究開發。儘管現代的電腦無法解決所有困難的問題，但僅是能解決其中幾項，仍可期待對社會產生巨大影響。

　　首先，簡單說明什麼是量子電腦。所謂量子電腦，在本書中定義為「**積極使用量子力學特有物理狀態來實現高速計算的電腦**」。量子電腦的「量子」就是量子力學的「量子」。量子力學是大學程度所學的物理學之一，這項理論是為了說明原子、電子等非常小的東西的運動而發展出來的。根據量子力學，對於原子或電子、光子（光的粒子）等微小的東西，或者超導等非常低溫冷卻的物質，已知會發生我們一般不可見的不可思議現象，並經實際驗證。舉例來說，可實現後文將說明的量子力學特有物理狀態「疊加態」（量子疊加：quantum superposition）、「量子纏結態」（量子纏結：quantum entanglement）等。積極使用這種量子力學特有物理狀態所打造的電腦，就是量子電腦。如此一來，便能進行所謂**量子計算**（quantum computing），這種計算比截至目前為止的計算更為強大。量子計算與一直以來的計算在本質上具有不同的可能性，研究已逐漸闡明這一點。量子電腦的開發是藉由對「量子」進行進階的控制，打造出突破以往電腦局限的電腦，實為物理學和工程的挑戰（圖 1.3）。

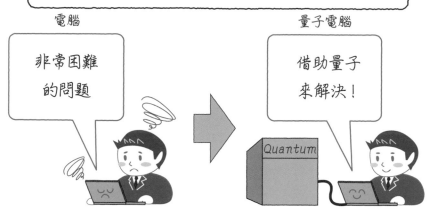

圖 1.3 所謂量子電腦是什麼？

## 1.1.4 量子電腦與古典電腦

本節彙整量子電腦與一般電腦的差異。首先，「計算」可大略分為兩類來思考。基於物理學分支古典物理學的**古典計算**，以及基於量子物理學（亦稱量子力學）的**量子計算**。

古典物理學是指應用在國高中物理課學到的物體運動、力的作用、電磁性質等的物理學。另一方面，量子力學是應用在理科大學程度學到的「原子與電子的性質」等的物理學。可以想成對應於這兩類物理學，存在著兩種計算。第三章之後會說明古典計算與量子計算的差異。本書將進行量子計算的裝置稱為「量子電腦（量子計算機）」，進行古典計算的裝置稱為「古典電腦（古典計算機）」。因此，本書將一般的電腦稱為「古典電腦」。

此外，量子計算對於古典計算有著上位相容性（upper compatibility），能以古典電腦解決的問題全部能用量子電腦解決。同理，古典力學能應用的現象（原理上）全部能以量子力學應用（換言之，古典物理學是量子物理學的近似）。

不僅如此，使用古典電腦難以解答的問題，已知有些若用量子電腦便能高速求解。同此，以古典物理學無法應用的現象可以用量子力學來應用（圖 1.4）。

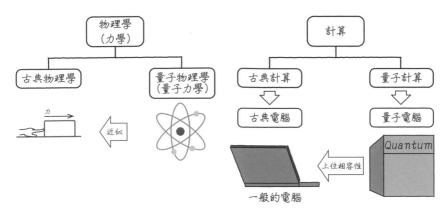

圖 1.4　物理學與計算的對應關係

　　目前量子電腦並沒有明確的定義。因此，本書以圖 1.3 來定義量子電腦。這裡需要注意的是，雖然一般的電腦也依據使用量子力學現象的半導體裝置（電晶體和快閃記憶體等）進行動作，但能做到的「計算」是對應於古典力學的「古典計算」。必須明確區別為了實現而使用的物理現象，以及實際能做到的計算，儘管使用以量子力學來說明的現象，並非就能由此做到「量子計算」。為了進行量子計算，必須能對以量子力學來說明的現象有進階的控制，並能實現稱為「量子力學特有物理狀態」的特殊狀態。

## 1.1.5 量子電腦的種類

　　量子電腦有數種類型。本書將量子電腦分為下列三種做說明（圖 1.5）。

### ① 通用量子電腦

　　能進行通用（universal）量子計算的量子電腦。再稍微詳細說明，則是「能以足夠的精度從任意的量子態變換至任意的量子態之電腦」。所謂任意的量子態，在這裡是指任意的多個量子位元（qubit）之狀態，能將它以足夠的高精度變換至期望狀態（因為完全達成是很困難的）者，即為通用量子電腦。此外，當量子位元的數量變多、想進行的變換更複雜，雜訊的影響也會變大，需要具備更正計算過程中的錯誤之能力（容錯〔fault tolerance〕）。具備容錯能力的量子電腦，稱為「容錯量子電腦」。

### ② 非通用量子電腦

雖然無法做到通用的量子計算，但能做到一部分量子計算，顯示出相較於古典電腦的優勢之量子電腦。

現在逐漸實現的無容錯（或說不充分）、名為 Noisy Intermediate-Scale Quantum（NISQ，雜訊中等規模量子）的量子電腦便屬此類。詳見 1.2.6 解說。

### ③ 非古典電腦

使用量子力學特有的物理狀態進行計算或以此為目標的電腦，但並未顯示出相較於古典電腦的優勢。現在正在開發的量子退火機（quantum annealer）便屬此類。

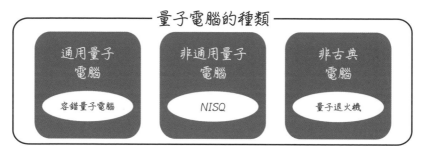

圖 1.5　量子電腦的種類

表 1.1 彙整這些量子電腦的特徵。本書將上述三種電腦視為「廣義的量子電腦」，分別詳述。

「廣義的量子電腦」使用量子力學特有的物理狀態進行計算，這一點是與「古典電腦」的不同之處。在「廣義的量子電腦」中，「非通用量子電腦」與「非古典電腦」的差異，在於計算性能是否有相較於古典的量子優勢。至於「非通用量子電腦」與「通用量子電腦」的差異，在於是否有量子計算的通用性。

表 1.1　量子電腦的種類與特徵

| 種類 | | 通用性<br>（容錯） | 量子的優勢 | 量子特有的<br>物理狀態 |
|---|---|:---:|:---:|:---:|
| 廣義的量子電腦 | **通用**量子電腦 | ○ | ○ | ○ |
| | **非通用**量子電腦 | ✕ | ○ | ○ |
| | **非古典**電腦 | ✕ | ✕ | ○ |
| 古典電腦 | **古典**電腦 | ✕ | ✕ | ✕ |

## 1.1.6 　量子計算模型的種類

　　前一節說明了量子電腦的硬體分類。另一方面，計算也有不同類型，本書區分為「通用型」與「特化型」兩種量子計算模型。所謂計算模型，是指描述如何執行計算的模型。

### ① 通用型

　　能描述所有的量子計算。具代表性的是量子電路模型。其他正在進行研究的，包括測量型量子計算、絕熱量子計算（adiabatic quantum computation）、拓撲量子計算等多個計算量上等價（參見頁 140 的 COLUMN）的模型。本書將詳述量子電路模型。

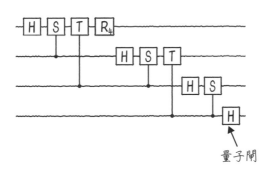

量子閘

圖 1.6　量子電路模型

### • 量子電路模型

使用「量子電路」與「量子閘」來取代在古典電腦裡用的「電路」與「邏輯閘」進行計算的模型[1]。

從量子電腦研究初期就開始使用，能用來描述通用的量子計算最標準的模型。

## ② 特化型

能描述特定的計算。本書將說明稱為量子退火的計算模型。量子退火是以計算 Ising 模型（易辛模型）的基態（參見第七章說明）為目的來特化的計算模型，能映射至 Ising 模型來解決問題。

### • 量子退火

2011 年，名為 D-Wave Systems 的加拿大新創企業將這項技術商用化，因為 Google 與 NASA 參與研究而一躍成名。東京工業大學的西森秀稔教授團隊和麻省理工學院的法希（Edward Farhi）團隊所提出的理論，稱為量子退火（門脇・西森，1998）、絕熱量子計算（法希等人，2001）的計算模型，成為這項研究的基礎。可使用基於這些計算模型來特化於量子退火的專用機器「量子退火機」進行計算。

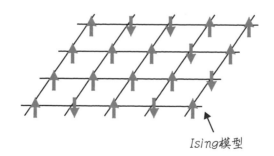

Ising模型

圖 1.7　Ising 模型

---

*1：也常稱為量子閘方式。

# 1.2 量子電腦的基礎

大略了解量子電腦是什麼樣的東西之後，來看看量子電腦的機制吧。本節不解說具體的內部運作，而是以運作流程和量子電腦的實際使用示意來說明。

## 1.2.1 量子電腦的運作流程

首先，說明量子電腦的基本運作流程。上述量子電路模型與量子退火兩者共通的量子電腦運作概要，如圖 1.8 所示。這裡以三個步驟來說明量子電腦的計算執行方法。

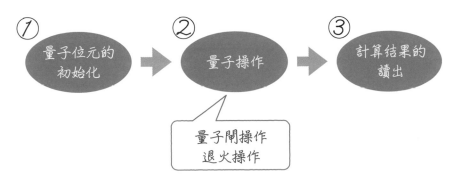

圖 1.8 量子電腦運作概要

**步驟 1：量子位元的初始化**

量子電腦有稱為**量子位元**的最小計算單位。這是在古典電腦裡僅稱為「位元」的量子版本。在量子電腦裡，基本上這樣的量子位元以物理的方式實作，並用它來進行計算。因此，首先準備量子位元，進行初始化（圖 1.9）。

圖 1.9 量子位元的初始化

### 步驟 2：量子操作

量子電腦的計算，藉由對以物理方式實作的量子位元進行操作來實現。操作量子位元的方法，在量子電路模型裡稱為「量子閘操作」，在量子退火裡稱為「退火操作」。如此一來，量子電腦的計算，便能藉由對於量子位元實施**量子操作**（quantum operation）來實現（圖 1.10）。

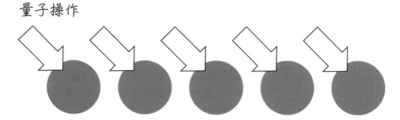

圖 1.10 量子操作

### 步驟 3：計算結果的讀出

為了得到計算結果，測量量子位元的狀態，讀出計算結果的資訊（圖 1.11）。量子位元的狀態（量子態）很容易損壞，計算過程中進行量子操作的階段做了不必要的測量，會損壞量子態，使得計算失敗（造成錯誤）。因此，必須非常留意需要進行測量的時間點。藉由上述三個步驟，便完成量子電腦的計算。

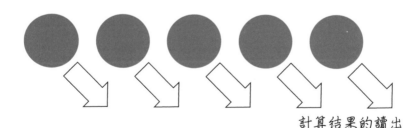

圖 1.11 計算結果的讀出

## 1.2.2 　量子電腦的開發路線圖

　　圖 1.12 示意邁向實現量子電腦的開發路線圖。大致的流程是，突破古典電腦的局限來實現量子電腦。進一步以階段性來看，目前已經開發出介於古典電腦與量子電腦之間的裝置，研究有了進展。本節以開發路線圖的形式介紹這個流程，請做為了解各種量子電腦的定位的參考。

　　首先，在所謂一般電腦「古典電腦」之後，開發了運用量子性、名為「非古典電腦」的裝置。這是包含目前的量子退火機，嘗試在計算中導入量子性的初期階段。接下來，邁入實際證明可達成比古典計算更強大計算能力的「非通用量子電腦」階段。顯示量子電腦可以有效率地計算對於古典電腦來說困難的計算（對古典的優勢），稱為**量子霸權**（quantum supremacy，量子優越性）。現在開發中的量子裝置所驗證的量子霸權，正受到矚目。這個階段的量子電腦是容錯不完全的量子電腦，無法執行通用的量子計算。因此，藉由實現完全的容錯，可達成通用量子電腦這項最終目標。據說要花費二十年或更長時間，才能實現這種通用量子電腦。然而，目前通用量子電腦的前置階段開發紮實地推進，已開發出量子退火機和後文將提到的名為 NISQ 的裝置。接下來以這個流程為基礎，逐步說明各個階段。

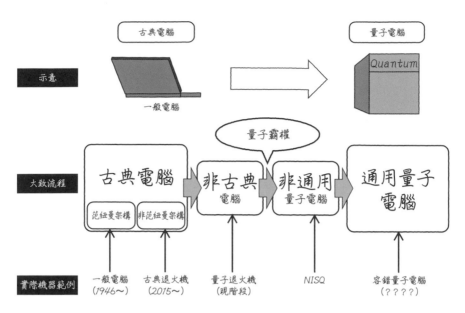

圖 1.12 邁向實現通用量子電腦的流程

### 1.2.3 從范紐曼架構到非范紐曼架構電腦

　　根據圖 1.12 依序說明邁向量子電腦的開發階段吧。首先，必須說明古典電腦開發的最新動向。為了突破以往電腦的局限，古典電腦也持續進化，開發出稱為非范紐曼架構（non-von Neumann architecture）電腦的計算機。雖然這種電腦仍然是古典電腦，但計算機制與普通的電腦不同。非范紐曼架構電腦是「高速解決某個既定問題的機器」，相較於稱為范紐曼架構（von Neumann architecture）電腦的大多數一般電腦基本架構為「CPU（中央處理器）＋記憶體」，有著不同架構的電腦便稱為非范紐曼架構電腦。

**Ⅲ 用語解說**

## 范紐曼架構電腦

現今最普及的標準電腦架構。有「內儲程式」的方式，並由「CPU」、「記憶體」和將其連接起來的「匯流排」構成。1945 年，天才數學家范紐曼（John von Neumann，又譯「馮諾曼」）發表相關報告，因而廣為人知。

但實際上提出者是兩位美國工程師埃克特（John Presper Eckert）和莫奇利（John William Mauchly），由范紐曼進行數學發展（關於這一點眾說紛紜）。

圖 1.13　范紐曼

非范紐曼架構電腦大多是為了特定的問題特化進行設計，以便比范紐曼架構電腦更高速計算且耗電更少，由此開發出「高速解決某個既定問題的機器」。舉例來說，開發了特化用於大量矩陣運算的晶片和特化用於機器學習某項處理的晶片。稱為神經形態晶片（neuromorphic chip）的仿神經網路所構成的電路，以及使用 GPU（graphics processing unit，圖形處理器）來進行高速化、使用 FPGA（field programmable gate array，場域可程式閘陣列）的系統等，已經在開發當中。其中一部分已放入智慧型手機等裝置，讓我們不知不覺受惠。

量子電腦目前[*2]也定位為一種非范紐曼架構電腦。但相較於 GPU、FPGA、TPU（tensor processing unit，張量處理器）等歸類於古典計算，使用量子性的量子計算有著本質上的差異。

---

[*2]：范紐曼架構一詞是對應於古典電腦的名稱，未考慮量子電腦。由於量子電腦也可能如同范紐曼架構一般，以將記憶體部分與運算部分隔開的架構來實現，因此這裡說「目前」。

## 1.2.4 非古典電腦

對於朝向量子計算、正在開發階段的電腦，本書稱其為「非古典電腦」。某個電腦實際上是否執行量子計算，亦即相較於古典計算是否有優勢的計算，要解答這樣的疑問非常困難，需要蒐集很多實驗資料、建構理論並反覆改良，進行研究開發。某種程度的長期開發時程是必要的，本書將這個階段的機器統稱為非古典電腦。

非古典電腦的目標是利用量子性裝置來進行量子計算，這包括目前的量子退火機和少數的量子位元雛形。這些裝置是仍在開發階段的機器，尚未顯示已經實現相較於古典計算的優勢計算性能。實際驗證具有比古典計算更優勢的計算，稱為量子霸權。

---

### ▌用語解說

### ▌量子霸權（量子優越性）

所謂量子霸權，係指量子電腦顯示出相較於古典電腦的優勢。是否顯示出「量子電腦可以有效率地計算對於古典電腦來說困難的計算」，是當前開發量子電腦的目標，各公司均朝實驗驗證這項「量子霸權」推進。然而，不一定要進行對社會有用的計算才能顯示這一點，比如可以藉由隨機的量子電路模擬這類特殊工作來進行實驗驗證（圖1.14）。

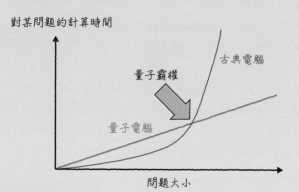

圖1.14　量子霸權

## 1.2.5 非通用量子電腦

實際驗證量子霸權之後，是不具可擴縮性（scalability）和容錯性、尚未達通用量子計算的開發階段。本書將這個階段的電腦稱為**「非通用量子電腦」**。舉例來說，如果開發出具有高精度 50 ～ 100 量子位元的量子電腦，可能突破古典電腦的部分局限（實際驗證該計算以古典電腦進行有困難的量子霸權），實現非通用量子電腦。然而，這樣的非通用量子電腦進行對社會有用的計算時，未必比古典電腦更強大。因此，重要的是找出可利用非通用量子電腦貢獻社會的演算法。憑藉這樣對社會有用的計算，有時將量子電腦的性能比古典電腦更好的現象稱為**「量子加速」**（quantum speedup）或**「量子優勢」**（quantum advantage）。[*3]量子霸權可說是在學術意義上指量子電腦具有優勢，而量子加速和量子優勢則是比較從實用層面來表現量子電腦優勢的詞彙。

> **用語解說**
>
> ### 量子加速（量子優勢）
>
> 量子加速或量子優勢是指藉由對社會有用的計算，量子電腦顯示出比古典電腦更具優勢的現象（圖 1.15）。對於某項工作，與當前最先進的古典電腦（如超級電腦）相較，必須顯示出量子電腦更高速。當然，與超級電腦比較時，必須使用超級電腦上執行該工作最快的演算法來對比。期待具有量子加速的領域，包括機器學習、量子化學、組合最佳化問題等。
>
>
>
> 圖 1.15　量子加速

*3：參見網站：The Rigetti Quantum Advantage Prize(https://medium.com/rigetti/the-rigetti-quantum-advantage- prize-8976492c5c64)。

## 1.2.6 NISQ

在非通用量子電腦領域，接下來出現的是稱為 NISQ 的量子電腦。平常我們使用的古典電腦，不會發生因為雜訊造成計算錯誤的情況。除了 CPU 和記憶體以高精度製造，還具有在處理當中更正錯誤的功能，抗雜訊能力很強，平常使用應該不會有雜訊的困擾。

另一方面，正逐漸實現的非通用量子電腦，現在雜訊仍然非常大。目前最活躍的開發領域，亦即超導電路的量子電腦，進行量子閘操作和量子位元測量等量子操作時，會發生從 0.1 到數個百分點左右的錯誤，而現階段對於這樣的錯誤幾乎無法更正。雖然量子電腦的錯誤更正研究蓬勃發展，但實作並不容易。正因如此，NISQ 備受矚目。

### • 雜訊中等規模的量子電腦：NISQ

2017 年 12 月，加州理工學院量子電腦研究權威普雷斯基爾（John Preskill）在以「Quantum Computing in the NISQ era and beyond」為題的演講中，提出 NISQ 一詞。NISQ 是「Noisy Intermediate-Scale Quantum (computer)」的首字母縮寫，譯為「雜訊中等規模（50~100 量子位元）的量子電腦」。這可用來指稱從現在開始到往後幾年間開發的量子電路模型量子電腦。目前還不知道 NISQ 是否達成量子加速。

然而，目前正盛行使用 NISQ 來實現量子加速的演算法研究。

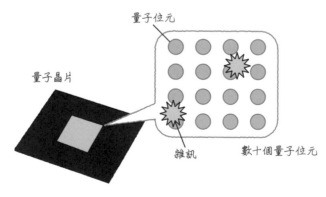

圖 1.16　NISQ 示意

## 1.2.7 通用量子電腦

增加相當的量子位元數，獲得可擴縮性和容錯性，能執行任意的量子演算法的量子電腦，稱為通用量子電腦。筆者認為，通用量子電腦是人類科學技術的終極目標之一。這麼說是因為通用量子電腦並非量子物理學的近似，也就是古典物理學，而是以更普遍的量子物理學本身來執行計算，讓迄今沒有效率的計算變得有效率，得以更廣泛地思考至今古典電腦以外的嶄新可能性。

通用量子電腦的實現，可想成是從上述的 NISQ 等非通用量子電腦大幅提高量子位元數和精度，並實作錯誤更正功能（容錯）（圖 1.17）。然而，由於技術難度非常高，以現在的技術水準來說，仍停留在錯誤更正功能的初期階段實驗。

後文將提到的 Shor 演算法（秀爾演算法）和 Grover 演算法（格魯弗演算法）等量子演算法，已知比古典電腦更強大。Shor 演算法可用以破解密碼，Grover 演算法則可能高速求解更複雜的搜尋問題。但除此之外，更期待通用量子電腦今後擴展至更多應用領域。

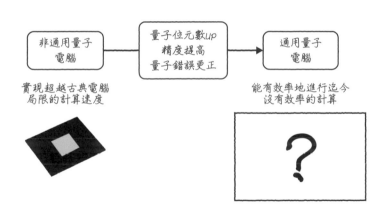

圖 1.17 從非通用邁向通用量子電腦

# 1.3 ‖ 量子電腦的遠景

古典電腦從超級電腦之類的大型物體，到桌上型個人電腦、筆記型電腦、智慧型手機、穿戴式裝置和小型物件，種類多元。這些電腦依據用途區分使用。那麼，未來將如何使用量子電腦呢？

## 1.3.1 量子電腦的現況

量子電腦的開發現況，大致如上述位於非古典電腦階段，目前以透過雲端來測試使用等方式進行。已經有一些企業建構這類可試用的非古典電腦環境。然而，可使用的功能非常有限，還不到可實際用於計算來突破古典電腦局限的程度。

舉例來說，現在雲端上能使用的 IBM 量子電腦「IBM Q」，可以用 5 量子位元和 16 量子位元的量子電路模型進行計算（圖 1.18，2019 年 5 月的時點）[*4]。然而，5 量子位元或 16 量子位元可做到的計算，一般的古典電腦也能執行。

換言之，5 量子位元的量子電腦，可歸類於上述非古典電腦，幾乎沒有實用意義。因此，目前正加速研發實現更高性能的量子電腦。當它變成 50 量子位元、100 量子位元時，情況將開始變得不同。即使是現在最高性能的超級電腦，要模擬精度良好的 50 量子位元程度的量子電腦計算，計算量也大到難以執行（量子霸權）。

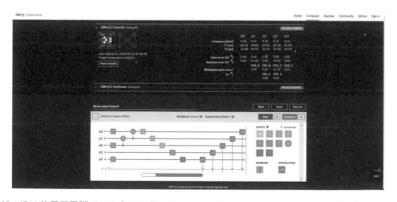

圖 1.18　IBM 的量子電腦 IBM Q（https://quantumexperience.ng.bluemix.net/qx/editor）

---

＊4：也提供了可用20量子位元的付費服務。

## 量子電腦的用途

　　來試著思考實現非通用量子電腦，量子加速變得可能的未來景象吧。量子電腦可扮演替代古典電腦解決棘手問題的角色。量子電腦也會被組裝進系統裡吧。這裡需要留意的是，它是系統的一部分。可把量子電腦想成目前不過是定位為專用機器。也就是說，做為「高速解決某個既定問題的機器」之用。理論上，量子電路模型可以描述泛用的量子計算，古典電腦可以進行的計算全部能用量子電腦計算，但實際上，量子電腦暫時被用來當做輔助古典電腦的一部分。因為目前這種做法成本低廉。因此，要家家戶戶都有一台量子電腦或搭載於智慧型手機，現階段是不可能的。

　　圖 1.19 示意使用超導電路的量子電腦範例。比如說，超導電路的量子電腦需要有稱為稀釋冷凍機的大型冷卻裝置，還需要很多控制裝置。現階段可考慮的使用方式是透過雲端來進行。

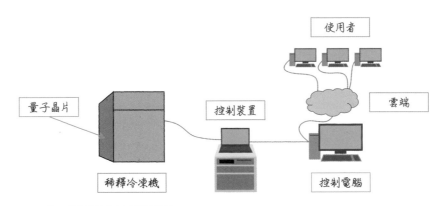

圖 1.19　使用超導電路的量子電腦範例

### 1.3.3 未來計算機環境的想像

　　本章最後試著想像未來的計算環境。比如十年後的電腦態勢，筆者想像將如圖 1.20 所示的架構。我們持有操作的電腦、智慧型手機、智慧型手錶、頭戴式顯示器等穿戴式裝置或智慧型家電等，都以無線網路等連接上雲端上的古典電腦。這些機器稱為使用者介面。接著，想進行某種計算時，操作這些使用者介面。如此一來，單純的計算或需要快速處理的計算，將由該機器本身為我們執行；稍微複雜的計算或需要與資料庫交換的計算，則由雲端上連接著的古典電腦來處理。由於這些是泛用的機器，儘管能進行中等程度的計算，對於複雜的計算和大規模的計算，則讓其他更擅長的電腦代勞。舉例來說，矩陣運算給矩陣運算專用機器、影像處理給影像處理專用機器、機器學習給機器學習專用機器等。量子電腦也是專用機器之一。對於量子電腦擅長的問題，交由量子電腦來解決。

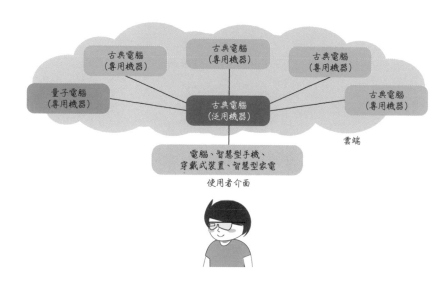

圖 1.20　十年後的電腦態勢

　　雖然上述不過是筆者的想像，但這裡想傳達的是，量子電腦與古典電腦將一併使用。

進一步展望，能輕鬆使用量子電腦的未來終將到來吧。屆時應該不致發生古典電腦完全被量子電腦取代的狀況吧。因為要控制量子電腦，古典電腦是不可或缺的。為了打造量子電腦，必須製作不會損壞量子性的裝置。由於量子性非常容易損壞，要用很多電子機器、光學機器、測量機器等建構並進行控制。這些控制機器全部內建於古典電腦，要打造量子電腦，古典電腦必不可少。總之，無論發展至何種程度，古典電腦都是必需的。藉由古典與量子的混合，朝高速化邁進。

古典電腦　　量子電腦

圖 1.21　古典量子的混合

## ‖ COLUMN

### 邁向量子電腦誕生之路

　　關於量子電腦的誕生，過程中有許多物理學家參與，這裡介紹其中幾位。提出目前量子電腦形式的早期論文之一，是牛津大學的多伊奇（David Deutsch）在 1985 年撰寫的[*5]。當時在部分物理學家和計算機科學家間，對「計算」與「物理」的關聯產生興趣。舉例來說，任職 IBM 研究所的蘭道爾（Rolf Landauer），對計算所需的最低能量是多少抱持疑問，在 1961 年提出「蘭道爾原理」（Landauer's principle）。這項原理指出「消除記憶體的資訊時熱力學的熵將增大」，闡明了只要將記憶體資訊消除必定會發熱、消耗能量的熱力學與計算關聯性。同樣任職於 IBM 的本尼特（Charles H.Bennett），1982 年與蘭道爾共同闡釋計算本身可不消耗能量地進行，提出沒有能量消耗（量子計算的性質之一）的可逆計算（reversible computing）。

當計算裡（如果不消除記憶體資訊、使用可逆計算）不需要能量消耗這樣的計算物理法則變得明確之際，多伊奇察覺到迄今的計算所依據的物理是古典物理[*6]。他思考需要基於更正確的物理來計算，亦即量子力學，在 1985 年撰寫了關於量子電腦最早的論文。但該論文並沒有說明能以量子電腦極高速地解決的問題，結論是和古典電腦的平均計算時間差不多。澳洲數學家喬茲薩（Richard Jozsa）注意到這一點，與多伊奇共同發現 Deutsch-Jozsa 演算法。這是最早顯示出凌駕於古典電腦的量子演算法，其後美國計算機科學家秀爾（Peter Shor）在 1994 年提出 Shor 演算法，量子計算突然間廣受矚目。

此外，量子電腦先驅費曼（Richard Feynman）也名聞遐邇。他在 1982 年提倡遵循量子力學的電腦的必要性。費曼在演講中說明，為了以電腦來模擬遵循量子力學的現象，必須使用遵循量子力學、稱為量子電腦的東西，這是首次提到「量子電腦」之名。

量子電腦誕生的歷史詳載於書末參考文獻，請務必參考。

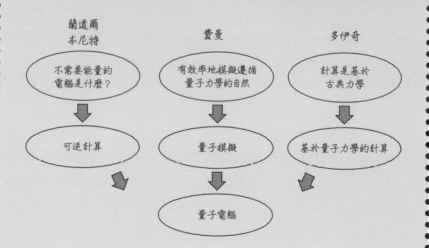

圖 1.22 邁向量子電腦誕生之路

---

*5：雖然美國物理學家貝尼奧夫（Paul Benioff）、俄國數學家馬寧（Yuri Ivanovich Manin）此前也提倡過量子電腦的概念，但目前大家所知的量子電腦原型理論，一般認為是源於多伊奇的概念。

*6：據說契機來自在計算物理相關研討會的交誼宴會中，與本尼特的討論。

# 第 2 章

# 對量子電腦的期待

理解量子電腦的概要之後，本章說明量子電腦能具體發揮長處的
問題。截至目前已解說將量子電腦納入為古典電腦系統的一部
分，可代之處理古典電腦不擅長的問題。那麼，所謂古典電腦不
擅長的問題，究竟是什麼樣的問題呢？

# 2.1 ‖ 古典電腦不擅長的問題為何？

使用一般的電腦，通常應該不會解不了困難的問題或計算遲遲不結束。然而，大規模模擬、密碼、最佳化等領域，有許多對古典電腦來說「解不了的問題」。本節解說對古典電腦而言，什麼樣的問題「解不了＝不擅長」。

## 2.1.1 可在多項式時間內解決的問題

首先，這裡所謂**古典電腦不擅長的問題**，一般定義為「尚未找到多項式時間解法」的問題。請參見圖 2.1。

無論什麼樣的問題，一定有輸入。以程式來說便是**引數**。而所謂能解決的問題，係指對於輸入（引數）的數量（輸入的大小）所需計算的次數不致太多的問題。舉例來說，「從輸入的數字當中求得最大值」這個問題，當輸入的數字為 6 個時，如果使用逐一比較大小關係的計算來進行，大概需要計算 6 次來求得解答。輸入的數字為 10 個則為 10 次、100 個則為 100 次，因此，問題「求得最大值」的計算次數，是對於輸入大小 N 來說需要 N 次的計算。

此外，「求得輸入數字的總和」也是 N 次；「從輸入的數字當中選出餘數最大的一對數字」則是像循環賽一樣計算所有兩兩成對，大約需要 $N^2$ 次等。我們周遭的問題大多可以 $N^k$（k：整數）的多項式來推估計算次數。像這樣大約 $N^k$ 次的計算次數之問題，由於能以 N 的多項式來推估計算時間，因此稱為**可在多項式時間內解決的問題**。

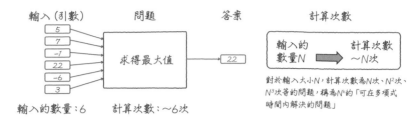

〈能求解的問題〉

輸入（引數）　　　問題　　　　　答案　　　　　　計算次數

| 5 |
| 7 |
| -1 |
| 22 |
| -6 |
| 3 |

求得最大值　→　22

輸入的
數量N　⟹　計算次數
　　　　　　～N次

對於輸入大小N，計算次數為N次、$N^2$次、
$N^3$次等的問題，稱為$N^k$的「可在多項式
時間內解決的問題」

輸入的數量：6　　　計算次數：～6次

圖 2.1　能求解的問題示意

## 2.1.2　尚未找到多項式時間解法的問題

另一方面，尚未找到多項式時間解法的問題是什麼樣的問題呢？舉例來說，假設問題為「對於輸入的數字，求得最接近乘積為 40 的組合」。應該如何求解呢？一般的思考方式是，寫出輸入的數字的所有組合，計算它們的乘積，找出最接近 40 的組合吧。若輸入的數字有 6 個，將有 $2^6$=64 個組合。也就是說，需要進行 64 次乘法計算來找出最接近 40 的組合。像這樣求解，當輸入的數字有 10 個時為 $2^{10}$=1,024 次、20 個時為 $2^{20}$=1,048,576 次、30 個時為 $2^{30}$=1,073,741,824 次，不斷增加（圖 2.2）。

〈解不了的問題〉

輸入（引數）　　　問題　　　　答案　　　　　　計算次數

| 5 |
| 7 |
| -1 |
| 22 |
| -6 |
| 3 |

求得最接近
乘積為40的
組合

| 7 |
| -1 |
| -6 |

輸入的
數量N　⟹　計算次數
　　　　　　～$2^N$次

對於輸入大小N，計算次數為$2^N$次等$k^N$
的指數函數的問題，稱為「尚未找到
多項式時間解法的問題」

輸入的數量：6　　　計算次數：～$2^6$=64次

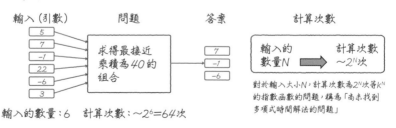

圖 2.2　解不了的問題示意

對於輸入大小 N，可能需要 $k^N$（k：整數）次的計算次數，也就是當 N 逐漸變大，計算次數可能以指數函數逐漸增加（需花費指數時間）的問題，便是**尚未找**

到多項式時間解法的問題，稱為**古典電腦不擅長的問題**。對於這樣的問題，可期待量子電腦能發揮長處。圖 2.3 顯示對於輸入大小 N 的計算量（計算次數）。計算次數通常以 Order（符號：O）表示。可以發現對於 N 的多項式時間與指數時間，隨著 N 變大，明顯看出計算次數將有很大的差距。

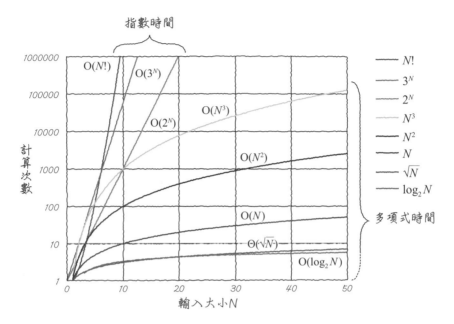

圖 2.3　對於能求解的問題與解不了的問題之問題輸入大小（引數數量）N 之計算次數（O 為表示計算次數 Order 的符號）

# 2.2 || 量子電腦擅長的問題為何？

那麼，量子電腦可發揮長處的問題究竟是什麼樣的問題呢？本節說明期待量子電腦達成的效果。

## 2.2.1　量子電腦可發揮長處的問題

首先，經常列舉的古典電腦不擅長的問題，包括「組合最佳化問題」、「質因數分解、密碼破解」、「量子化學計算」、「機器學習裡的學習」、「複雜物理現象的模擬」等。其中有「幾項」是量子電腦可發揮長處的問題。這裡需要留意的是，並非古典電腦不擅長的問題全部能用量子電腦輕易解決，而是在古典電腦不擅長的眾多問題裡，一部分可能藉由量子電腦高速求解（圖 2.4）。因此，量子電腦也不容易解決的困難問題當然比比皆是。世界各地的研究者正在研究可用於量子電腦的量子演算法。下面介紹各種方式的範例。

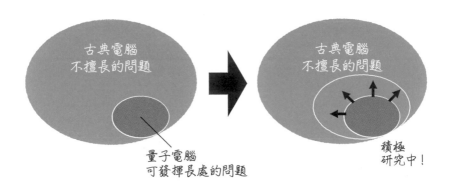

圖 2.4　量子電腦可發揮長處的問題

這裡介紹運用量子電路模型和量子退火預期可分別在不久的將來達成的效果。

**• 量子電路模型**

關於量子電路模型的量子電腦,世界各地的企業和研究機構正持續進行研究開發。特別是現在朝著實現數十至數百個量子位元,加速研發。這種數十至數百個量子位元的量子電腦,預期可用於量子化學計算和機器學習。

量子化學計算用於藥品的開發和新材料的開發。開發新藥和高功能材料時不僅要反覆實驗,如果能藉由計算來預測實驗結果,可以在短時間內有效率地進行開發。然而,為了以良好的精度進行量子化學計算,必須盡可能不要用近似的方式計算量子力學方程式,對古典電腦來說將是非常大的計算量。量子電腦得以有效率地執行這種龐大的計算,現在正在進行相關的量子演算法研究。

此外,也期待量子電腦在機器學習領域大顯身手(圖 2.5)。現在看來掀起熱潮的機器學習,正是處理龐大計算量的問題。使用稱為量子機器學習的量子電腦來強化機器學習的量子演算法研究,正蓬勃發展。

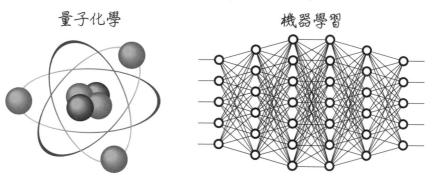

可期待量子電路模型的領域

量子化學　　　　　　　　機器學習

圖 2.5　可期待量子電腦(量子電路模型)的領域

## ● 量子退火

　至於量子退火，D-Wave Systems 已經實現了 2000 量子位元的量子退火機，從量子位元數來看，量子退火機似乎比量子電路模型的進展更快。然而，D-Wave Systems 的量子退火所使用的量子位元，與現階段量子電路模型所用的相比，在稱為**相干時間**（coherence time）的保持「量子性」的時間上，亦即量子位元的壽命，是比較短的。相對地，其特徵是實作大規模的量子位元數比較容易。

　使用 2000 量子位元的量子退火機，可以解決小規模的組合最佳化問題。所謂組合最佳化問題，是從眾多的組合當中找出最好的組合，應用廣泛。比如說，藉由搜尋物流的最短路徑，預期能降低成本或紓解壅塞等。這類問題在社會層面很重要，卻很難用古典電腦有效率、高精度求解，因此期待能用量子退火盡可能求得精度更好的解答。此外，正在進行的還包括將量子退火應用於機器學習的研究（圖 2.6）。

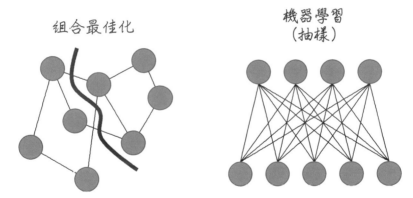

**可期待量子退火的領域**

組合最佳化　　　　　　　　機器學習
　　　　　　　　　　　　　（抽樣）

圖 2.6　可期待量子退火的領域

利用量子退火機的特性來進行機器學習，特別是應用於稱為「抽樣」（sampling）部分的研究也正在進行。

目前的 2000 量子位元能處理的問題僅限於小規模。但今後若能有更多的量子位元，並延長相干時間，開發出提升量子位元之間的結合和控制精度的量子退火機，應用範圍也會更廣（**圖 2.7**）。不過，隨著量子位元數增加，需要考量抗雜訊能力降低等問題。

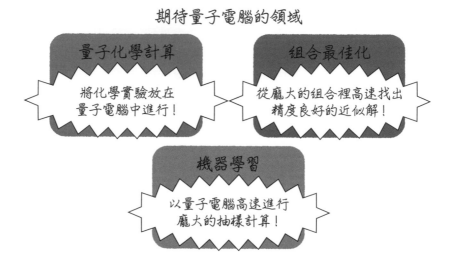

圖 2.7　期待量子電腦的領域

# 2.3 ‖ 受到矚目的背景

本章最後介紹近來量子電腦備受矚目的三項原因（動機）（圖 2.8）。

第一項原因是「量子科學技術的發展」。2012 年，諾貝爾物理學獎頒發給法國的阿羅什（Serge Haroche）和美國的瓦恩蘭（David J.Wineland）。兩人獲獎的理由是「研究能夠量度和操控個體量子系統的突破性實驗方法之成就」。這項研究的意義在於，得以用實驗室方式控制量子力學的狀態。換言之，這兩位科學家是以實驗室的方式控制量子位元的先鋒。2000 年前後，兩人取得成為其獲獎原因的研究成果，其後歷經近二十年至今，相關研究迅速發展，全世界都在進行量子位元的研究開發，進展到至少能進行計算、嘗試可在雲端運用的程度。這項量子技術的成熟，正是量子電腦受到矚目的背景。

第二項原因是「摩爾定律的終結」。摩爾定律（Moore's law）是 Intel（英特爾）共同創辦人之一的摩爾（Gordon E. Moore）在 1965 年提出的經驗法則，指出「半導體的積體密度（≒計算性能）每十八個月（一年半）便會倍增」。然而，目前普遍認為這項法則差不多已達極限。因此，現在正探討各種方法，以便在摩爾定律終結後提升計算性能，這些方法包括 CPU 多核心化、使用 GPU 平行計算、前述非范紐曼架構電腦等以加速器高速化等。因此之故，順應這股趨勢，對於實現量子電腦、突破古典電腦的局限，期待大增。

第三項原因是「對計算資源的進一步需求」。具代表性的機器學習技術「深度學習」（Deep Learning）逐漸普及，開始深入自動駕駛和人工智慧等我們生活周遭，可以想見未來幾年大眾的生活將徹底改變。此外，區塊鏈和使用區塊鏈技術的虛擬貨幣等，也深受矚目。這些技術立基於大量的計算處理，許多人思考在前述摩爾定律終結後必須持續提升計算性能。

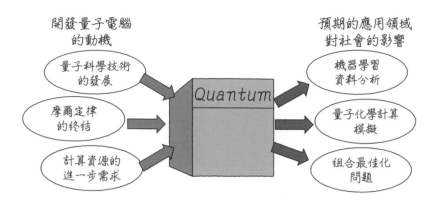

圖 2.8　量子電腦受矚目的原因

### III 計算量理論

　　什麼樣的問題是古典電腦解不了的、其中什麼問題是量子電腦可以解決的、世界上究竟有哪些問題,研究這些問題的分支稱為**計算複雜度**(computational complexity)。這個領域使用抽象的數學,將計算的難度分為各種類別。前述「可在多項式時間內解決的問題」和「尚未找到多項式時間解法的問題」等,在計算複雜度理論中有明確的定義。

　　簡言之,古典電腦比較容易解決(在多項式時間內)的問題,定為「P(polynomial time,多項式時間)」類別。對於驗證解答是否正確這件事相對容易(可在多項式時間內解決)的問題集合,則定為「NP(non-deterministic polynomial time,非決定性多項式時間)」類別。在這個 NP 類別裡,也包含要找出正確解答相對困難的問題。

　　除此之外,儘管 NP 類別裡包含了 P 類別,究竟是否存在屬於 NP 類別卻不屬於 P 類別的問題,稱為「P ≠ NP」猜想,這是未解的數學難題之一。這樣的類別不勝枚舉,例如下面這個網站彙整的資料:

The ComplexityZoo:https://complexityzoo.uwaterloo.ca/Complexity_Zoo

至於使用量子電腦可在多項式時間內解決的問題類別，也有定義。這類問題稱為「BQP（bounded-error quantum polynomial time，有限錯誤量子多項式時間）」。可把「BQP」想成比「P」類別大。也就是說，古典電腦無法在多項式時間內解決，但可用量子電腦解決的問題，亦即量子電腦可發揮長處的問題，普遍認為是「存在」的。但這一點尚未完全證明。在撰寫本書的 2019 年這個時點，已經知道量子電腦可在幾項問題上發揮長處，其中之一是 Grover 演算法和 Shor 演算法。如下網站彙整了已知的量子演算法：

Quantum Algorithm Zoo：http://quantumalgorithmzoo.org/

由於量子電腦目前仍是做為專用機器使用，不需要具備泛用性，只要在幾項問題上比古典電腦更極高速解決，且那些問題對社會影響深遠，量子電腦便至關重要。再者，現正積極研究量子電腦可以發揮長處的問題，預期未來將持續擴大應用領域。

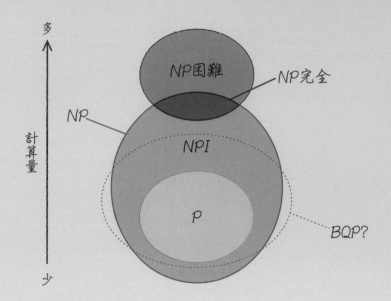

圖 2.9　具代表性的計算量類別

表 2.1　具代表性的計算量類別

| 計算量類別名 | | 簡述 | 問題範例 |
|---|---|---|---|
| P | polynomial time<br>多項式時間 | 在多項式時間內可判斷 YES/NO 的問題 | 使用古典電腦可以解決的大部分問題 |
| NP | non-deterministic polynomial time<br>非決定性多項式時間 | 在多項式時間內可驗證答案是 YES 的 YES/NO 問題 | |
| NP 完全 | non-deterministic polynomial time complete<br>非決定性多項式時間—完全 | NP 當中最困難的問題 | 滿足性問題（satisfiability problem）[編注1]、哈密頓路徑問題（Hamiltonian path problem）[編注2] 等 |
| NP 困難 | non-deterministic polynomial time hard<br>非決定性多項式時間—困難 | 比 NP 更困難的問題 | 旅行推銷員問題（traveling salesman problem）[編注3]、背包問題（knapsack problem）[編注4]、最大割問題（maximum cut problem）[編注5] 等 |
| NPI | non-deterministic polynomial time intermediate<br>非決定性多項式時間—中級 | 介於 P 與 NP 完全之間的問題 | 質因數分解問題等 |
| BQP | bounded-error quantum polynomial time<br>有限錯誤量子多項式時間 | 以多項式時間量子演算法有 2/3 以上的機率可判斷 YES/NO 的問題 | 質因數分解問題、離散對數問題等 |

編注1：用來解決給定的真值方程式，是否存在一組變數賦值，使問題為可滿足（引自Wikipedia）。
編注2：在圖上給定任意兩點A、B，從A 出發到達B，經過圖上所有的點且只經過一次的路徑。
編注3：給定一系列城市和每對城市之間的距離，求解取每一座城市一次並回到起始城市的最短迴路（引自Wikipedia）。
編注4：給定一組物品，每種物品都有自己的重量和價格，在限定的總重量內，我們如何選擇，才能使得物品的總價格最高（引自Wikipedia）。
編注5：給定一張圖，求一種分割方法，將所有頂點分割成兩群，同時使得被切斷的邊數量最大（引自Wikipedia）。

# 第 3 章

# 量子位元

本章開始正式說明量子電腦的機制。為了了解量子電腦的機制，
首先必須認識量子位元。量子位元與一般電腦所用的「位元」，
性質大相逕庭，是量子電腦能高速計算的根源。接下來，從做為
量子位元基礎的量子力學概要開始解說。

# 3.1 量子電腦是什麼？

　　為了了解量子位元，首先簡單說明古典位元。來彙整古典位元與量子位元有哪些共通點，又有哪些差異吧。

　　量子電腦與古典電腦的最大差異，在於兩者使用的資訊最小單位不同。古典電腦的資訊最小單位，是我們耳熟能詳的記憶體單位、資料傳輸速率單位，也就是**位元**（binary digit：bit），本書中稱為「古典位元」。相對地，量子電腦使用所謂「量子位元」，英文是 **qubit**（quantum binary digit）。前面說明量子電路模型、量子退火的章節都介紹過這個概念。首先說明古典位元與量子位元的差異（圖 3.1）。

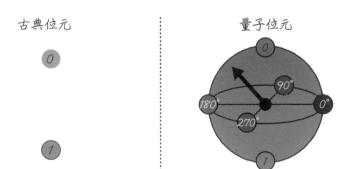

古典位元　　　　　　　　　　　　　量子位元

圖 3.1　古典位元與量子位元的差異

## 3.1.1 古典電腦的資訊最小單位「古典位元」

　　在古典電腦裡，使用 0 與 1 這兩種狀態來進行計算。古典位元是取 "0" 或 "1" 其中一種狀態（圖 3.2）。這是處理資訊的最小單位，無論多大的資訊均以這樣的 "0" 與 "1" 的序列來表示並進行計算。這個資訊量的單位稱為「位元（古典位元）」。也就是說，所謂 1 個位元的資訊，係「告知狀態為 "0" 或 "1" 兩者其一的資訊」。

古典位元

或是

圖 3.2　古典位元

　　因此,如果是兩個位元,會告知是 "00"、"01"、"10"、"11" 四個當中哪一種狀態的資訊;如果是三個位元,則告知從 "000"～"111" 為止八個當中哪一種狀態的資訊。由此得知,「能得到的資訊量大小」以稱為「位元」的單位表示。而如果是 100 位元,將告知是 $2^{100}$ 個當中哪一種狀態的資訊。舉例來說,由於英文字母共有 26 個,如果要讓英文字母的字元對應至數字,可以使用 5 位元($2^5$=32)來表示(表 3.1)。我們平常用 0～9 來表示資訊的方法,稱為十進制(十進位);只用 0 與 1 來表示資訊的方法(古典位元),則稱為二進制(二進位),特別是在大多數電腦內部便是使用這種二進制來計算。

表 3.1　英文字母有 26 個,由於少於 $2^5$=32,可用 5 位元表示

| 英文字母 | 位元表示 |
| --- | --- |
| A | 00000 |
| B | 00001 |
| C | 00010 |
| D | 00011 |
| E | 00100 |
| F | 00101 |
| : | |
| Z | 11001 |

## 3.1.2 量子電腦的資訊最小單位「量子位元」

另一方面,量子電腦是使用量子位元做為處理資訊的最小單位。量子位元與用於古典電腦的古典位元截然不同。量子位元和古典位元一樣用"0"與"1"的狀態來表示,但量子位元的使用不僅如此,而是處理"0"與"1"的「疊加態」(圖 3.3)。這正是與至今的古典電腦大不相同的重要關鍵。

量子位元取 "0" 與 "1" 的疊加態

量子位元

圖 3.3　量子位元

上述內容彙整如圖 3.4 所示。

| 1個古典位元 | 取 "0" 或 "1" 其中一種狀態 |
| --- | --- |
| 1個量子位元 | 取 "0" 與 "1" 的疊加態 |

圖 3.4　1 個古典位元與 1 個量子位元的差異

### 3.1.3 疊加態的表示法

　　量子位元的疊加態如圖 3.5 所示，可用在 "0" 狀態與 "1" 狀態之間的「箭頭」表示。藉由這種表示方式，可以掌握疊加態的意象。

　　關於這個量子位元的箭頭，可想像一個以 "0" 與 "1" 為上下頂點（極）的球體，箭頭指向球體表面上的一點。換言之，量子位元可想成是一個指向以 "0" 與 "1" 為極點之球面上的箭頭。這個球體稱為「布洛赫球」（Bloch sphere）[編註1]，常用於思考量子位元的狀態。布洛赫球表面上的一點正表示了量子位元的狀態。當箭頭指向正上方（以地球來說是北極）時表示 "0"，指向正下方（以地球來說是南極）時表示 "1"，指向除此之外的球面上之位置則表示 "0" 與 "1" 的疊加。相較於古典位元只能表示 "0" 或 "1" 的兩種狀態之一，量子位元可以表示球面上的任何一點。

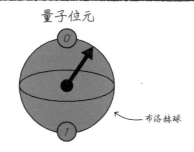

圖 3.5　量子位元的箭頭（布洛赫球）

　　由於這個觀念對後續了解量子位元很重要，這裡先說明表示量子位元狀態的箭頭之特徵。地球上的某地點可用「緯度」與「經度」這兩個量來表示。同理，布洛赫球上的一點可僅用名為「振幅」（amplitude）與「相位」（phase）的兩個量表示。對應於箭頭高度（以地球來說是緯度）的是稱為「振幅」的量，表示

---

編註1：瑞士物理學家暨1952年諾貝爾物理學獎得主布洛赫（Felix Bloch）命名，量子力學裡對雙態系統中純態空間的幾何表示法，量子電腦的基礎。

布洛赫球上的一點有多接近 "0"（北極）或 "1"（南極）[*1]。

而對應於將布洛赫球從上或從下來看時的旋轉角度（以地球來說是經度），則是稱為「相位」的量，圖 3.6 在布洛赫球的橫向旋轉方向（以地球來說是赤道）上標明了 0°、90°、180°、270°。像這樣，量子位元的疊加態可用指向布洛赫球面上某點的箭頭來表現，其特徵是能以振幅與相位這兩個量表示。

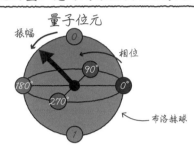

量子位元的疊加態可用振幅與相位表示

圖 3.6　量子位元的箭頭（布洛赫球）

3.1.4 **量子位元的測量**

本小節說明量子位元的重要性質。量子位元具有來自量子力學非常特殊的性質。這項性質是當「測量」處於疊加態的量子位元時，其前後的狀態都會發生顯著變化。進一步詳細說明這一點吧。量子位元的重要性質彙整為下面四點：

1. 測量之前，處於 "0" 與 "1" 的疊加態，以指向布洛赫球表面的箭頭來表示（以振幅與相位表示）（圖 3.6）。
2. 當「測量」該量子位元[*2]，會以機率來決定為 "0" 狀態或 "1" 狀態。
3. 測量量子位元時出現 "0" 或 "1" 的機率，由將測量前指向的箭頭投影至通過 0 與 1 的軸來決定，如果投影所得的箭頭較接近 "0" 則出現 "0" 的機率較高，較接近 "1" 則出現 "1" 的機率較高。

---

*1：實際上，箭頭的尖端與 "0" 的點所連成的直線長度的一半為0的振幅，箭頭的尖端與 "1" 的點所連成的直線長度的一半則為1的振幅，並未直接對應到地球的緯度。

*2：這裡以0與1為基礎（計算基礎）描述測量的情況。

4. 藉由測量可讀出 0 或 1 的古典位元資訊，而測量後的量子位元狀態，變化為與測量結果相同的 "0" 狀態或 "1" 狀態。

　　為了讀出量子位元的狀態，我們必須進行「測量」。然而，當「測量」量子位元，隨著所謂「測量」這個操作，量子位元的狀態會改變。至於狀態如何變化，儘管測量前的量子位元是球面上的一點（"0" 與 "1" 的疊加態），測量後該箭頭會瞬間移動至 "0" 或 "1" 的其中一邊。而會移動到 "0" 還是 "1" 則是以機率來決定，該機率由將箭頭「投影」至通過 0 與 1 的軸之影子來決定。量子位元之所以具備這樣的特徵是源自量子力學的性質，這裡不深入探究。總之，從箭頭的狀態，可以得知測量出 "0" 與 "1" 的機率。

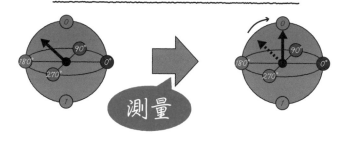

圖 3.7　量子位元的測量

## 3.1.5　箭頭的投影與測量機率

　　這裡很重要的一點是思考所謂「箭頭的投影」。「投影」是讓物體朝著光映射出影子（圖 3.8）。

圖 3.8　投影係指映射出影子

　　這裡思考對於量子位元的箭頭，藉由投以垂直於通過 0 與 1 之軸的光線，讓箭頭的影子映射在通過 0 與 1 之軸上（圖 3.9）。箭頭的影子會表示通過 0 與 1 之軸上的某個高度，而依據該高度，會決定測量結果為 "0" 的機率及結果為 "1" 的機率。舉例來說，在圖 3.9 中，出現 "0" 的機率為 75%，出現 "1" 的機率為 25%。可以得知如果測量前的箭頭較接近 0 則容易出現 0，較接近 1 則容易出現 1。由於測量結果會是 0 或 1 其中之一，表示可以獲得古典位元的資訊。

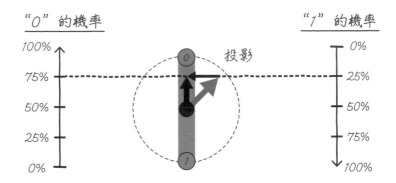

圖 3.9　依據測量箭頭將被投影並決定出現 0 與 1 的機率

　　上述彙整為如圖 3.10 所示。下面從量子力學的性質來逐步解說量子位元的特殊性質。

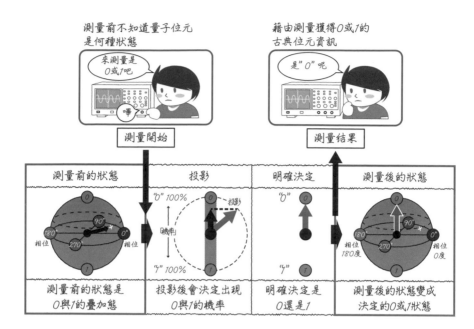

圖 3.10　量子位元的測量

# 3.2 量子力學與量子位元

　　截至目前對量子位元的解說，並未詳細說明量子力學。然而，為了正確理解本質上量子電腦為何能比古典電腦更高速計算，量子力學的基本知識是不可或缺的。本節說明量子電腦所用到至少需要知道的量子力學基礎知識，破解量子電腦得以高速計算的機制。

## 3.2.1 古典物理學與量子物理學

　　量子物理學原是用以說明數個原子或電子這種程度的微觀（micro）物質的動作所建構的理論，可以想成這個世界絕大多數現象都是遵循量子物理學（本書中使用的「量子力學」一詞幾乎同義）。我們平常看到的東西是集合了 10 的 23 次方個左右的原子而成的巨觀（macro）物質，這些物質的動作可用「古典物理學（古典力學、古典電磁學等）」來說明。那麼，古典物理學與量子物理學的關係是什麼呢？答案是，古典物理學為量子物理學的理論之近似（圖 3.11）。雖然使用量子物理學的理論原則上也可以分析我們生活中處理的巨觀現象，例如「車子行進」、「踢球」、「電流通過」等現象，但若要嚴謹計算，數式會變得很複雜，計算量龐大。這裡將影響很小的部分取近似來消去，讓數學式子變得簡單，最終成為古典物理學。由於絕大部分物質的動作用古典物理學這樣的近似理論已能充分說明，因此廣泛運用。

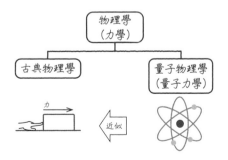

圖 3.11　古典力學與量子力學的關係

事實上，在計算方面，也有對應於上述古典物理學與量子力學的領域，分別稱為**古典計算**與**量子計算**。而進行古典計算的裝置稱為古典電腦、進行量子計算的裝置是量子電腦。量子計算與古典計算有本質上的差異，一般認為量子計算可以做到古典計算無法達成的高速化。此外，量子計算可以處理古典計算範疇的所有計算，有上位相容性（圖3.12）。為了實現量子計算，量子電腦以遵循量子力學的量子位元為基本單位，充分使用量子性來建構。做法是積極使用在接近古典物理學的過程中經近似、消去的微觀物質特有的現象（量子的現象）。這種量子的現象中最基本的，便是**波**與**粒子**的性質。下面詳細說明這兩種性質。

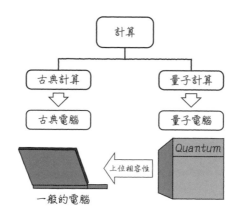

圖 3.12　計算的關係

### 3.2.3 量子力學的開端：電子與光

量子力學所研究的代表性微觀物質是電子與光。除此之外，質子和中子、組合這兩者的原子和分子、除了光以外的各種波長之電磁波也含括在內，不過這裡集中說明具代表性的電子與光[*3]。

電子最早是藉由用著名的克魯克斯管（Crookes tube）[編注2]所進行的實驗和密

---

*3：為什麼是電子與光……？我們平常看到的絕大多數東西都是由原子所組成，而原子是由電子與原子核（質子和中子）構成。若能弄懂電子與原子核的性質，就能了解世界上絕大多數物質的性質。這裡以電子做為微觀物質的代表。此外，光是一種電磁波，而電磁波遍布世界各地。因此，以光做為微觀物質的另一個代表。

編注2：英國物理學家克魯克斯（William Crookes）發明的一種早期實驗式放電管，後來的陰極射線管的前身。

立根（Robert Andrews Millikan）的實驗<sup>（編注3）</sup>等，揭示其存在，從這些實驗結果可知電子是帶有少量負電荷的粒子。另一方面，光最早是透過著名的楊氏雙狹縫實驗（Young's double-slit experiment）<sup>（編注4）</sup>等，觀察到稱為「干涉」（interference）<sup>（編注5）</sup>的波的特有現象，由此普遍認為光是一種波。

　　然而，由於量子力學的誕生，發現電子不僅是粒子，也具有波的性質。另一方面，了解到光不僅有波的性質，也具有粒子的性質。在量子力學裡，將所有物質視為具有波粒二象性（wave-particle duality）（圖 3.13）。而量子位元正是同時具有波與粒子的性質，善加利用這兩種性質來實現高速計算。

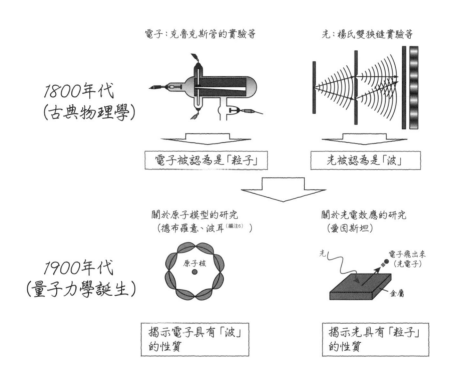

圖 3.13　量子力學的誕生

編注3：美國物理學家暨1923年諾貝爾物理學獎得主密立根，以油滴實驗（oil-drop experiment）精確測得基本電荷的電荷量的值，確定電荷的不連續性。
編注4：英國科學家楊（Thomas Young）於1801年進行了著名的雙狹縫實驗，觀察微觀物質可以同時通過兩條路徑或其中任一條路徑，從初始點抵達最終點，證明光以波動形式存在。
編注5：兩列或兩列以上的波在空間中重疊時發生疊加，產生加強或抵消，從而形成新波形的現象。
編注6：法國物理學家暨1929年諾貝爾物理學獎得主德布羅意（Louis Victor de Broglie）發現粒子的波粒二象性，奠定波動力學的基礎；丹麥物理學家暨1922年諾貝爾物理學獎得主波耳（Niels Henrik David Bohr）提出波耳模型，引入量子化的概念來研究原子的內部結構。

## 3.2.4 波的性質與粒子的性質

　　同時具有波的性質與粒子的性質是怎麼一回事？首先，分別說明兩者的性質。波與粒子的最大差異，一般認為是在空間中擴散與否的問題。舉例來說，把石頭丟進池子裡，水面會有波（波紋）連續地擴散開來。波可以在空間中不斷地擴散。另一方面，比如說想像一粒芝麻。芝麻粒這樣的粒子，集中於空間中的一點，不會擴散開來。由此思考，便可了解波與粒子具有截然不同的性質（圖3.14）。更深入探究兩者各自的性質吧。

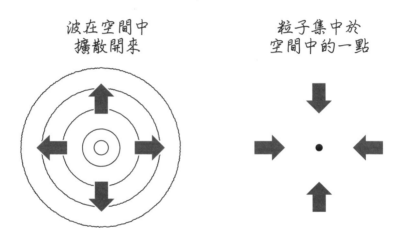

波在空間中
擴散開來

粒子集中於
空間中的一點

圖 3.14　波與粒子

● **波的性質**

　　首先來看看波的基本性質吧。最基本的波形如圖 **3.15** 所示，稱為正弦波（Sin波）。波裡有峰與谷交叉出現，藉由波的高度、一列波的長度、反覆的週期、波的行進速度等性質，可以擷取特徵。要了解量子電腦，特別需要認識其中兩項性質，亦即表示波一半高度的**振幅**，以及表示位於波的週期中何處的**相位**。由於只需要考量這兩項性質，取出波的一個週期來說明吧。

64

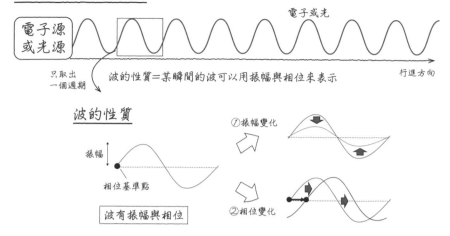

基本波形（正弦波）

電子源
或光源

電子或光

行進方向

只取出
一個週期

波的性質＝某瞬間的波可以用振幅與相位來表示

波的性質

振幅

相位基準點

波有振幅與相位

①振幅變化

②相位變化

圖 3.15　振幅與相位的角色

　　只取出一個週期的波，有一個峰、一個谷。從這個波的中心之高度到峰頂或到谷底的長度，稱為波的「振幅」。振幅變化，波的峰谷的變動量會改變。再者，這個峰與谷在哪個位置，稱為波的「相位」。相位以波的特定某基準點的位置來決定，例如將「這些峰之前的振幅定為 0 的點（圖 3.15）」設為基準點，來看這個點位置的相位吧。最左邊是基準點時，相位定為 0 度。要讓相位發生變化時，讓相位的基準點拖曳著移動。如果將基準點這樣拖曳往右，一路移動到最右邊，可以和原本相位 0 度的波吻合，回復原狀。這是對應於相位 360 度，形成一個週期。就像這樣，相位具有從 0 度到 360 度再回到 0 度的性質。在量子電腦裡，這種波的振幅與相位扮演重要角色。

　　前述量子位元的振幅與相位，正可說是對應於波的這種性質。量子位元的箭頭與波的性質關係密切，兩者都具有可用振幅與相位來表示的重要性質。

**• 粒子的性質**

　　接下來，看看粒子的性質吧。粒子不像波會擴散。可以把粒子具有的性質想像成存在於某處的一點。粒子在某瞬間的位置總是確定的（**圖 3.16**）。

　　上述便是關於粒子的性質，事實上與測量量子位元時的性質密切相關。下面說明量子位元的波與粒子的性質。

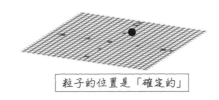

基本粒子

電子源
或光源

電子或光

≡ ●

粒子的性質＝某瞬間的粒子可以用位置來表示

行進方向

粒子的性質

粒子的位置是「確定的」

圖 3.16　粒子的位置

## 3.2.5　量子位元的波與粒子的性質

擴散於空間中的波與集中於空間中一點的粒子，乍看感覺並不相容，但量子位元可想成是同時具有這些波與粒子的性質。以下示意說明波與粒子的性質與量子位元有何關聯。

**• 量子位元的波性質**

首先，量子位元具有分別像波一樣的 0 與 1 的狀態。由於是波，具有連續性，也能取得不確定是 0 或 1 的不明確狀態。這稱為「疊加態」，就像 0 與 1 的「波」重疊起來。依據振幅與相位，便可說明這個疊加態的特徵。量子計算當中會使用這樣不明確的狀態進行計算。

**• 量子位元的粒子性質**

接著，說明藉由測量所顯示的量子位元的粒子性質。這裡的測量，係指以物理的方式對準備的量子位元進行某種操作來讀出計算結果。所謂粒子的性質，雖然是指具有某確定的位置，但以稍廣義的方式解釋這個位置，請從「明確地決定為一個值」的性質來重新思考。也可說是「決定為明確狀態」的性質。這就是量子

力學的粒子性質。量子位元依據粒子的性質來決定成為何種狀態，也就是決定為"0"狀態還是"1"狀態。從測量後瞬間"0"與"1"的疊加態，明確決定為"0"或"1"其中哪一種狀態。

彙整一下，量子位元在測量之前保有波的性質，不確定是"0"或"1"的狀態（以布洛赫球表現的箭頭狀態），但進行測量便會出現粒子的性質，具備明確決定為"0"或"1"的性質（**圖3.17**）。

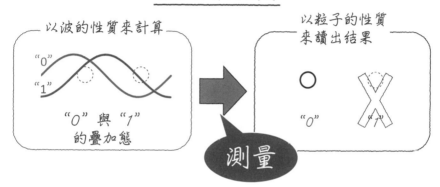

圖 3.17　量子計算的機制

## 3.2.6　量子位元的測量機率

在量子力學裡，必須將「測量」視為特別的操作，因為具有不明確的波的性質之量子位元，進行測量時會發揮粒子的性質，明確決定為 0 或 1 其中一種狀態。此時，決定為"0"或"1"的機率，依測量前振幅的值而定。量子位元在測量前，以某振幅與相位持有"0"與"1"的狀態，呈現的關係是："0"的振幅大時則"1"的振幅較小；反之，"0"的振幅小時則"1"的振幅較大[4]。而振幅的平方可表示"0"與"1"的測量機率。因此，量子位元的振幅也稱為「機率幅」（probability amplitude）。後文將量子位元的「振幅」稱為「機率幅」。

---

[4]：這是意指依據測量將箭頭投影至通過布洛赫球"0"與"1"之軸時，箭頭影子的位置對應於振幅的平方。

因此，進行測量時，雖然會依據機率隨機決定為"0"狀態或"1"狀態並讀出，但機率幅的平方較大的一邊有更高的機率被讀出。此外，由於一定會出現"0"或"1"，"0"的機率幅平方與"1"的機率幅平方之和必定為1（100%）。

## 量子位元裡「波」與「粒子」的性質

「波」的性質 ⋯ 持有振幅與相位

＋

「粒子」的性質 ⋯ 確定為"0"或"1"

「量子位元」的性質⋯ 分別持有"0"與"1"的振幅與相位，依據其振幅的大小，若進行「測量」，以機率來確定為"0"或"1"。該機率為「振幅」的平方

圖 3.18　量子位元裡「波」與「粒子」的性質

# 3.3 量子位元的表示法

本節說明量子位元的表示法。本書使用三種表示法，包括「狄拉克符號」（Dirac notation）、「布洛赫球」和「波」的表示方式。藉由這些表示法，得以說明高速計算的機制。

## 3.3.1 表示量子態的符號（狄拉克符號）

首先介紹稱為**狄拉克符號**的表示法，這是一般以數學式子表現量子位元時廣泛使用的方法（圖 3.19）。

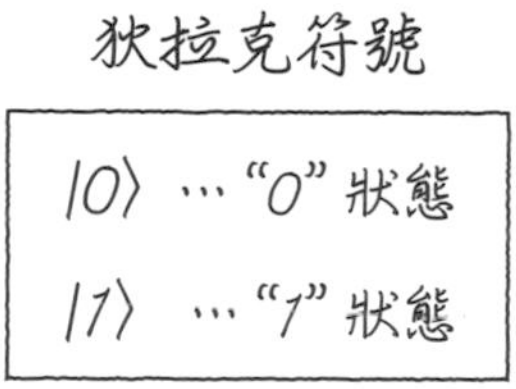

狄拉克符號

$$|0\rangle \cdots \text{``0''} 狀態$$
$$|1\rangle \cdots \text{``1''} 狀態$$

圖 3.19　狄拉克符號

$|0\rangle$ 對應於 "0" 狀態，$|1\rangle$ 對應於 "1" 狀態（圖 3.20）。本書不深入討論使用這項表示法來計算，只是用來表示量子位元的 "0" 狀態與 "1" 狀態。使用這個表示法可以表現疊加態。

使用狄拉克符號的疊加態表示法

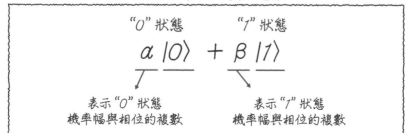

圖 3.20　使用狄拉克符號的疊加態表示法

疊加態以加法來表示。其中，α 與 β 是分別表示 |0〉與 |1〉佔了多少比例來疊加的「複數」，也稱為複數振幅。重點在於它是複數，可依此表現量子力學的疊加態。複數振幅是以機率幅與相位這兩個實數來表現，可以表示波（後述，圖 3.22）。因此，可想成是將 α 與 β 這樣的複數分別表示對應於 |0〉與 |1〉的波之狀態。此外，這個波的複數振幅之絕對值平方表示測量機率。也就是說，|α|² 表示測量後出現 |0〉的機率，|β|² 表示測量後出現 |1〉的機率。由於機率之和為 1（100%），有 |α|²+|β|²=1 這個條件，α 與 β 必須滿足此式。

## 3.3.2 表示量子態的圖（布洛赫球）

布洛赫球的表示法是藉由將量子位元的狀態以立體方式來表現，視覺化地了解量子位元所持有的機率幅與相位，是非常好用的表示法。若以圖來表現疊加態與布洛赫球的對應，如圖 3.21 所示。

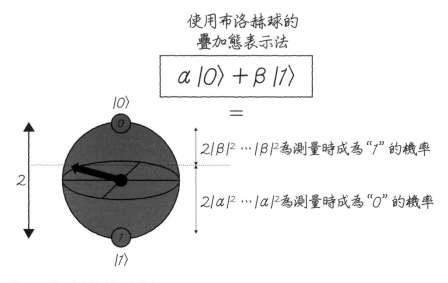

圖 3.21　使用布洛赫球的疊加態表示法

使用狄拉克符號表記的複數 α 與 β，分別是表示 |0〉與 |1〉的比例之複數（複數振幅）。這是取絕對值平方便能表示測量後會得到 0 或 1 的機率。在布洛赫球裡，α 與 β 的絕對值平方之大小，對應於箭頭的高度。在這裡，布洛赫球之半徑

為 1（直徑為 2），從最上方（"0"）到箭頭尖端的高度之差為 $2|\beta|^2$，從最下方（"1"）到箭頭尖端的高度之差為 $2|\alpha|^2$，因此可得 $2|\alpha|^2 + 2|\beta|^2 = 2$，（兩邊除以 2 之後）符合 $|\alpha|^2 + |\beta|^2 = 1$。

### 3.3.3  以波表示量子位元

　　除了布洛赫球之外，本書再加上用「一個週期的波之圖形」來表示機率幅與相位（或複數振幅），藉以說明量子位元的狀態。雖然表現的內容對應於布洛赫球，但之後表現多個量子位元的狀態時會很方便。

　　在波的表示法裡，將量子位元的 |0⟩ 與 |1⟩ 各自的「機率幅」與「相位」以一個週期的波來表示。這是使用學習複數時會出現的極式（表示複數的一種方法，用極坐標來表示複數），如果將複數 α 分為兩個實數，可用 sin 和 cos 的波之函數來表示，以對應於波振幅與相位的實數 A 和 φ 來理解（圖 3.22）。換言之，複數 α 與 β 表現了各自的波。如此一來，可以了解複數振幅的絕對值為機率幅（|α|=A），測量機率為複數振幅的絕對值平方之值，亦即實數的機率幅平方之值。

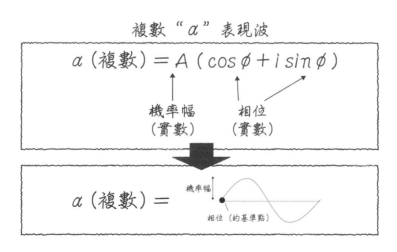

複數 "α" 表現波

$$\alpha（複數）= A（\cos\phi + i\sin\phi）$$

機率幅（實數）　相位（實數）

$$\alpha（複數）=$$

機率幅　　相位（的基準點）

圖 3.22　複數"α"表現波

那麼，使用上述波的表現，試著表示疊加態的量子位元吧。將對應於 |0〉的波（複數 α）與對應於 |1〉的波（複數 β）各自以一個週期的波來記述，並縱向排列。如此一來，便能以視覺化的方式呈現 |0〉的波與 |1〉的波。舉例來說，如圖 3.23 所示的量子位元，可知由於 |0〉的機率幅較大、|1〉的機率幅較小，若進行測量，機率幅（的絕對值平方）較大的那一邊，亦即 |0〉，是比較容易出現的量子位元狀態。

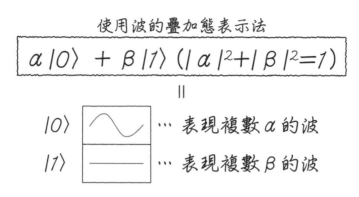

圖 3.23　使用波的疊加態表示法

將上述說明統整於圖裡（圖 3.24），介紹三種表示量子位元狀態的方法。由於這些表示法都能完整對應，請一邊想像量子電腦的動作來幫助理解。

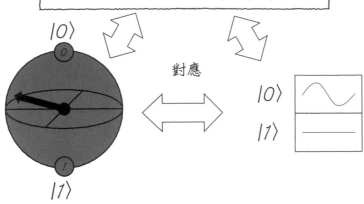

圖 3.24　疊加態的三種表示法

### 3.3.4　多個量子位元的表示法

　　截至目前為止，已經看過一個量子位元的疊加態。接下來說明多個量子位元的狀態。首先，介紹使用狄拉克符號的多個量子位元表示法。例如有三個量子位元，第一個量子位元為 $|0\rangle$、第二個量子位元也是 $|0\rangle$、第三個量子位元為 $|1\rangle$ 的確定狀態，寫成 $|0\rangle|0\rangle|1\rangle$。亦可簡寫為 $|001\rangle$ （圖 3.25）。

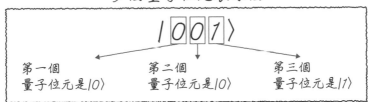

圖 3.25　使用狄拉克符號的多個量子位元表示法

│001〉表示三個量子位元的狀態為確定的狀態。由於狀態為確定時和古典位元無異，無法顯示量子計算的優勢。量子計算的優勢至少必須能使用疊加態，來試著表示量子位元特有的疊加態吧。例如，嘗試表示有 │0〉與 │1〉的疊加態的三個量子位元。在這種情況下，會是 │000〉、│001〉、│010〉、│011〉、│100〉、│101〉、│110〉、│111〉這八個狀態全部疊加的狀態。一個量子位元是 │0〉與 │1〉兩者的疊加、兩個量子位元是 │00〉、│01〉、│10〉、│11〉四個的疊加，亦即 n 個量子位元會是 $2^n$ 個的疊加。這些疊加態只需將所有表現比例的複數（α、β、...、η）來給予權重加總即可，如圖 3.26 所示。從對應於 │000〉的複數 α 開始，到對應於 │111〉的複數 η 為止，各個複數表示該狀態的機率幅與相位。

## 使用狄拉克符號的 多個量子位元疊加態表示法

$$\alpha\,|000\rangle + \beta\,|001\rangle + \gamma\,|010\rangle + \cdots + \eta\,|111\rangle$$

│000〉狀態以 α 這個機率幅與相位存在、
│001〉狀態以 β 這個機率幅與相位存在、
│010〉狀態以 γ 這個機率幅與相位存在、
⋮
│111〉狀態以 η 這個機率幅與相位存在的狀態

圖 3.26　使用狄拉克符號的多個量子位元疊加態表示法

試著以其他表示法來表現多個量子位元的疊加態吧。由於用布洛赫球難以表現，這裡以波來表現，如圖 3.27 所示。圖中表示了對應於 │000〉～│111〉的波之狀態。和一個量子位元的情況相同，機率幅越大者，測量後越容易出現該狀態。請留意波的表示方式，會將對應於全部測量後的狀態逐一寫出。思考波時，不是看「量子位元的個數」，而是考量「測量後的狀態個數」。也就是說，當有 n 個量子位元，需要處理 $2^n$ 個波。

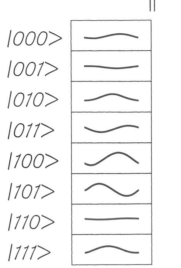

使用波的
多個量子位元疊加態表示法

$$\alpha|000> + \beta|001> + \gamma|010> + \cdots + \eta|111>$$

=

| $|000>$ | | 表現複數 $\alpha$ 的波 |
| $|001>$ | | 表現複數 $\beta$ 的波 |
| $|010>$ | | 表現複數 $\gamma$ 的波 |
| $|011>$ | | |
| $|100>$ | | |
| $|101>$ | | |
| $|110>$ | | |
| $|111>$ | | 表現複數 $\eta$ 的波 |

圖 3.27　使用波的多個量子位元疊加態表示法

### 3.3.5　總結

量子位元的表示法彙整如下圖所示（**圖 3.28**）。

一個量子位元的狀態可使用狄拉克符號、布洛赫球、波這三種表示法來表現。而實際上量子計算使用多個量子位元，用布洛赫球難以表現多個量子位元的疊加態。另一方面，可用狄拉克符號和波來表現。接下來會使用這些表示法，逐步說明量子計算的構成元素，亦即量子閘。

| | 狄拉克符號 | 布洛赫球 | 以波來表現 |
| --- | --- | --- | --- |
| 一個量子位元的<br>疊加態 | $\alpha\lvert 0\rangle+\beta\lvert 1\rangle$<br>$(\lvert\alpha\rvert^2+\lvert\beta\rvert^2=1)$ | $\lvert 0\rangle$<br>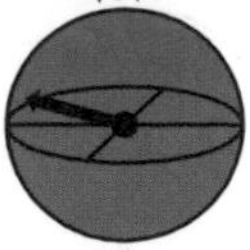<br>$\lvert 1\rangle$ | $\lvert 0\rangle$<br>$\lvert 1\rangle$<br>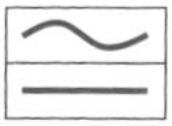 |
| 多個狀態的<br>疊加態 | $\alpha\lvert 000\rangle+\beta\lvert 001\rangle+$<br>$\gamma\lvert 010\rangle+\cdots+\eta\lvert 111\rangle$ | – | $\lvert 000\rangle$<br>$\lvert 001\rangle$<br>$\lvert 010\rangle$<br>$\lvert 011\rangle$<br>$\lvert 100\rangle$<br>$\lvert 101\rangle$<br>$\lvert 110\rangle$<br>$\lvert 111\rangle$<br>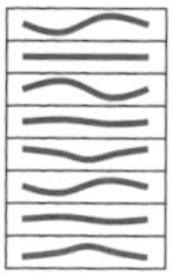 |

圖 3.28　量子位元的表示法彙整

## 量子錯誤更正

工業製品不會全都是完美的。我們平常使用的古典電腦也是如此,儘管看起來計算結果總是正確無誤,其實內部的處理有時會發生錯誤。然而,古典電腦裡已經有稱為「錯誤更正」的功能,能自動檢測出錯誤並做更正,我們平常使用時不會發生計算有誤的情況。

量子電腦以量子性做為計算資源,這個量子性損壞時會發生錯誤。由於量子性非常容易損壞,要在損壞之前的時間(相干時間)裡結束大規模計算是很困難的。因此,對於大規模的量子計算,量子錯誤更正功能不可或缺。使用有錯誤更正功能的量子電腦進行的量子計算,稱為容錯量子計算。容錯量子計算是目前實現通用量子電腦唯一的方法,可說是人類夢想的終極目標。量子錯誤更正與古典錯誤更正大相逕庭。古典電腦附有檢查錯誤是否存在的功能,如果有誤則更正,實際上經常進行這樣的處理;量子電腦的情況不同,為了檢查錯誤是否存在而「測量」量子位元的狀態時,隨著這個測量會讓量子態發生變化。此外,複製相同的量子態這件事,違反量子力學基本法則(量子不可複製定理〔no-cloning theorem〕),因此無法產生複本來檢查錯誤。

物理學者開發了使用多個量子位元來表現一個量子位元的手法,成功克服這個難題。此外,設計出幾項有用的量子錯誤更正手法。例如,有一項錯誤更正手法稱為「surface code」。這項錯誤更正手法用於伴隨大約 1% 左右錯誤的量子位元操作,藉由這項手法,顯示理論上大規模量子計算是可能的。因此,為了實現容錯量子計算,製作出錯誤機率在 1% 以下的量子位元至關重要。2014年,加州大學聖塔芭芭拉分校(UCSB)物理學家馬丁尼斯(John Martinis)的團隊使用超導量子位元,率先以超導電路實現了低於 1% 錯誤的量子位元操作,讓實現容錯量子計算出現曙光。自此全世界加速進行研究,現在馬丁尼斯教授的團隊與 Google 共同開發量子電腦。儘管量子錯誤更正仍在小規模驗證階段,要實現大規模容錯量子計算還需要一段時間,但研究確實取得進展,未來的發展備受期待。

# 第 4 章

# 量子閘入門

介紹了資訊最小單位量子位元之後,接下來說明量子電腦的計算
方法。本章解說量子電路模型的計算方法。

# 4.1 ‖ 量子閘是什麼？

量子電路模型是量子電腦最標準的計算模型，使用量子閘（或稱量子邏輯閘）進行計算。首先，說明古典電腦使用的邏輯閘和與之對應的量子閘。

## 4.1.1 古典電腦：邏輯閘

在古典電腦中，藉由組合多個邏輯閘來進行計算（圖 4.1）。邏輯閘是「對位元進行操作」。閘（gate）的原意是指「門」，表示若位元通過這個「門」，位元的狀態會發生變化。舉例來說，有 AND 閘（及閘）、NAND 閘（反及閘）、NOT 閘（反閘）等，分別對位元實施特定的操作。組合這些邏輯閘，可以做加法、乘法，進而進行複雜的計算。運用名為真值表的表格[1]，很容易了解邏輯閘。圖 4.1 顯示具代表性的邏輯閘真值表。舉例來說，AND 閘有兩個輸入、一個輸出，對於輸入的四種可能性，只有當輸入為 "11" 時會輸出 1。同樣地，其他邏輯閘也依據真值表進行固定的操作。

### 邏輯閘

**NOT閘（反閘）**

| in | out |
|----|-----|
| 0 | 1 |
| 1 | 0 |

**XOR閘（互斥或閘）**

| in | | out |
|----|----|-----|
| 0 | 0 | 0 |
| 0 | 1 | 1 |
| 1 | 0 | 1 |
| 1 | 1 | 0 |

**AND閘（及閘）**

| in | | out |
|----|----|-----|
| 0 | 0 | 0 |
| 0 | 1 | 0 |
| 1 | 0 | 0 |
| 1 | 1 | 1 |

**NAND閘（反及閘）**

| in | | out |
|----|----|-----|
| 0 | 0 | 1 |
| 0 | 1 | 1 |
| 1 | 0 | 1 |
| 1 | 1 | 0 |

**OR閘（或閘）**

| in | | out |
|----|----|-----|
| 0 | 0 | 0 |
| 0 | 1 | 1 |
| 1 | 0 | 1 |
| 1 | 1 | 1 |

**NOR閘（反或閘）**

| in | | out |
|----|----|-----|
| 0 | 0 | 1 |
| 0 | 1 | 0 |
| 1 | 0 | 0 |
| 1 | 1 | 0 |

圖 4.1 邏輯閘

*1：橫向來看便能了解對應於輸入之輸出結果的表格。

## 4.1.2 量子電腦：量子閘

　　相對於古典電腦的邏輯閘，在量子電路模型的量子電腦中運用量子閘來進行計算。量子閘就像邏輯閘一樣，「對量子位元進行操作」。輸入從古典位元變成量子位元，對應輸入的操作方法也不同。量子閘有數種，可以用真值表來簡單了解。首先，作用於單一量子位元的量子閘（單一量子位元閘）真值表，如**圖4.2**所示。但如前述，量子位元有機率幅與相位兩種性質，變得略微複雜。這裡為了看出量子位元的 0 狀態與 1 狀態指的是量子位元，改寫為 |0〉與 |1〉。可看出稍微比邏輯閘複雜。

### 量子閘（單一量子位元）

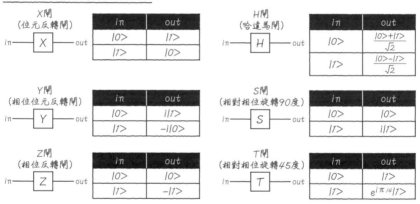

圖 4.2　量子閘（單一量子位元）

## 4.1.3 單一量子位元閘

　　看到真值表和複數，或許會覺得有點難，但用布洛赫球來思考單一量子位元的量子閘操作，其實很單純。從球內的中心延伸的箭頭方向，對應於量子位元的狀態。而透過量子閘進行的**量子閘操作**，對應於讓這個球裡的箭頭旋轉。上圖中的量子閘，是只有單一輸出入的單一量子位元閘。因此，某一個量子位元所表現的狀態，依據通過量子閘，會變化為其他狀態。這些變化根據量子閘的類型而異，

例如 X 閘是對箭頭進行 180 度旋轉的操作。像這樣以布洛赫球的箭頭表示量子位元狀態，並用量子閘來對這個箭頭進行旋轉操作（**圖 4.3**）。

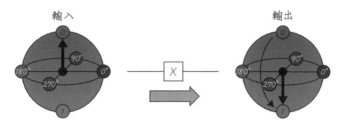

量子閘是對箭頭進行旋轉操作

圖 4.3　量子閘是對箭頭進行旋轉操作

## 4.1.4　多量子位元閘

接下來，簡單介紹作用於多個量子位元的量子閘。古典電腦的邏輯閘，對單一位元作用的只有 NOT 閘。因為狀態不是 0 就是 1，除了反轉之外，沒有其他操作。另一方面，量子電腦的量子位元有波的性質（機率幅與相位），對單一量子位元的操作也存在多種量子閘。而邏輯閘裡有雙位元閘，對應於此的是如**圖 4.4**所示的量子閘，作用於多個量子位元。像這樣把量子閘組合起來實現複雜的計算，便是量子電路模型。

# 量子閘（多個量子位元）

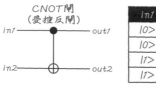

**CNOT閘**
**（受控反閘）**

| in1 | in2 | out1 | out2 |
|-----|-----|------|------|
| \|0> | \|0> | \|0> | \|0> |
| \|0> | \|1> | \|0> | \|1> |
| \|1> | \|0> | \|1> | \|1> |
| \|1> | \|1> | \|1> | \|0> |

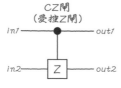

**CZ閘**
**（受控Z閘）**

| in1 | in2 | out1 | out2 |
|-----|-----|------|------|
| \|0> | \|0> | \|0> | \|0> |
| \|0> | \|1> | \|0> | \|1> |
| \|1> | \|0> | \|1> | \|0> |
| \|1> | \|1> | \|1> | -\|1> |

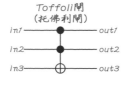

**Toffoli閘**
**（托佛利閘）**

| in1 | in2 | in3 | out1 | out2 | out3 |
|-----|-----|-----|------|------|------|
| \|0> | \|0> | \|0> | \|0> | \|0> | \|0> |
| \|0> | \|0> | \|1> | \|0> | \|0> | \|1> |
| \|0> | \|1> | \|0> | \|0> | \|1> | \|0> |
| \|0> | \|1> | \|1> | \|0> | \|1> | \|1> |
| \|1> | \|0> | \|0> | \|1> | \|0> | \|0> |
| \|1> | \|0> | \|1> | \|1> | \|0> | \|1> |
| \|1> | \|1> | \|0> | \|1> | \|1> | \|1> |
| \|1> | \|1> | \|1> | \|1> | \|1> | \|0> |

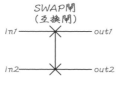

**SWAP閘**
**（互換閘）**

| in1 | in2 | out1 | out2 |
|-----|-----|------|------|
| \|0> | \|0> | \|0> | \|0> |
| \|0> | \|1> | \|1> | \|0> |
| \|1> | \|0> | \|0> | \|1> |
| \|1> | \|1> | \|1> | \|1> |

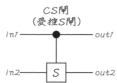

**CS閘**
**（受控S閘）**

| in1 | in2 | out1 | out2 |
|-----|-----|------|------|
| \|0> | \|0> | \|0> | \|0> |
| \|0> | \|1> | \|0> | \|1> |
| \|1> | \|0> | \|1> | \|0> |
| \|1> | \|1> | \|1> | i\|1> |

**Fredkin閘**
**（弗雷德金閘）**

| in1 | in2 | in3 | out1 | out2 | out3 |
|-----|-----|-----|------|------|------|
| \|0> | \|0> | \|0> | \|0> | \|0> | \|0> |
| \|0> | \|0> | \|1> | \|0> | \|0> | \|1> |
| \|0> | \|1> | \|0> | \|0> | \|1> | \|0> |
| \|0> | \|1> | \|1> | \|0> | \|1> | \|1> |
| \|1> | \|0> | \|0> | \|1> | \|0> | \|0> |
| \|1> | \|0> | \|1> | \|1> | \|1> | \|0> |
| \|1> | \|1> | \|0> | \|1> | \|0> | \|1> |
| \|1> | \|1> | \|1> | \|1> | \|1> | \|1> |

圖 4.4　量子閘（多個量子位元）

# 4.2 ‖ 量子閘的運作

本節介紹前述量子閘的運作。由於要介紹所有的閘太大費周章,這裡說明具代表性的 X 閘、Z 閘、H 閘、CNOT 閘。

## 4.2.1 X 閘(位元反轉閘)

X 閘也稱為「包立 X 閘」(Pauli-X gate),對於這個閘的輸入為 |0⟩ 時,輸出 |1⟩;如果輸入 |1⟩,則會輸出 |0⟩。換言之,這是讓 |0⟩ 與 |1⟩ 反轉的閘;由於是將狀態反轉,即(量子版的)NOT 閘。此外,輸入 X 閘的是 |0⟩ 與 |1⟩ 的疊加態時,會直接對各自的機率幅與相位(複數振幅)反轉。這個操作稱為「位元反轉」。

圖 4.5 分別顯示 X 閘的真值表、布洛赫球表現,以及波的表現。在布洛赫球裡,球的北極位置是 |0⟩、南極位置是 |1⟩,連結這兩點的軸是 Z 軸。接著,設定對於 Z 軸正交的為 X 軸、Y 軸。X 閘之名,來自這個閘是在像這樣設定的布洛赫球上,以 X 軸為旋轉中心進行 180 度旋轉。藉由這項操作,對 |0⟩ 進行兩次 X 閘操作,會是 |0⟩ → |1⟩ → |0⟩,回到原本的 |0⟩。由於進行兩次 180 度旋轉是轉 360 度,布洛赫球上所有的點,都有操作 X 閘兩次回到原處的性質。亦即反轉的反轉相當於原狀。此外,可以發現對於 X 軸上某個 |0⟩ 與 |1⟩ 的均勻疊加態,操作 X 閘也不會改變狀態。在波的表現裡,只要直接將波互換即可。

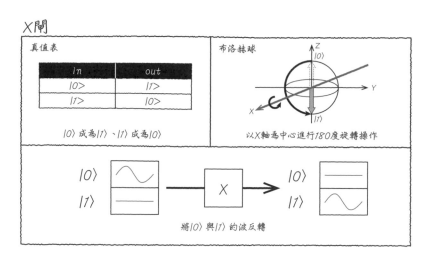

圖 4.5　X 閘

## 4.2.2　Z 閘（相位反轉閘）

　　古典電腦裡的單一位元閘只有 NOT 閘，量子電腦裡的單一量子位元閘卻非如此，除了 NOT 閘的量子版 X 閘之外，還有很多種閘。Z 閘是其中一種，相對於 X 閘將 |0⟩ 與 |1⟩ 反轉（位元反轉），Z 閘是進行相位反轉的閘。將 |0⟩ 與 |1⟩ 以相位差 0 度的狀態輸入，會輸出 |0⟩ 與 |1⟩ 相位差 180 度的狀態。這相當於輸入 |0⟩ 則直接輸出 |0⟩、輸入 |1⟩ 則多了負號成為 -|1⟩。**附加負號**與**相位差發生 180 度變化**是相同的意思（3.3.3 一節提過的複數與波的關係式裡，對於相位 φ 以 φ ＋ 180 度輸入，會成為整體加上負號的形式）。在波的表現裡，只要將 |1⟩ 的波之相位反轉即可。

　　如圖 4.6 所示，Z 閘是對應於以布洛赫球上的 Z 軸為中心進行 180 度旋轉操作。因此，對於 |0⟩ 或 |1⟩ 這樣非疊加的狀態，由於在 Z 軸上，無法以 Z 閘改變狀態[2]。因此之故，也稱為 Z 閘的特有狀態，將 Z 軸稱為計算基底。描述量子計算時，通常多半將 Z 軸設定為特別的軸（雖然本質上每個軸均是等價的，但規則會這樣描述）。介紹過 X 閘與 Z 閘之後，另外還有 Y 閘，這些稱為包立 X、

---

[2]：關於-|1⟩ 狀態，如果是全域相位則基於可忽略的量子位元規則，將與|1⟩ 相同。這裡所謂全域相位，是指附加於量子位元狀態整體的相位項，不參與量子計算。

Y、Z 閘的量子閘，量子計算裡都常用到。

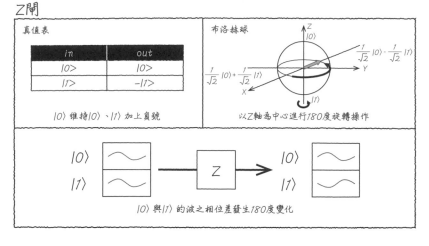

圖 4.6　Z 閘

### 4.2.3　H 閘（哈達馬閘）

　　除了包立 X、Y、Z 閘之外，還有重要的 H 閘。這個閘也稱為哈達馬閘（Hadamard gate），用於像是製作疊加態時（**圖 4.7**）。

　　如果輸入 |0〉，則輸出 |0〉與 |1〉的均勻疊加態。而若輸入 |1〉，則輸出 |0〉與 |1〉均勻疊加且相位差 180 度的狀態。在布洛赫球裡，這個閘相當於準備一個在 Z 軸與 X 軸之間 45 傾角的軸，以此軸為中心旋轉 180 度操作的閘。和包立 X、Y、Z 閘一樣，由於是旋轉 180 度，進行兩次操作會回復原狀。在波的表現裡，對於只有 |0〉有機率幅的情況，只需將 |0〉與 |1〉兩邊均勻變化為有機率幅的狀態即可。此外，在只有 |1〉有振幅的情況下，以 |0〉與 |1〉兩邊有均勻振幅的狀態，只反轉 |1〉的相位。

H閘

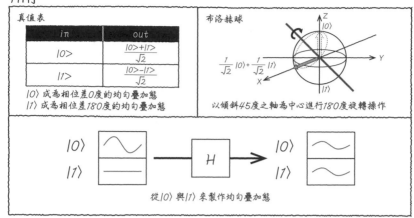

圖 4.7　H 閘

以上介紹了操作單一量子位元的單一量子位元閘。除此之外，還有 S 閘（相對相位旋轉 90 度）、T 閘（相對相位旋轉 45 度）等，可製作其他各式各樣的閘，這些閘與上述的閘一樣，同樣在布洛赫球上旋轉操作。所有的單一量子位元閘都能表現為在布洛赫球上的旋轉操作。再者，除了上述的 180 度旋轉操作之外，還能製作任意旋轉角度的量子閘。說到底，量子計算本身也能看作是在布洛赫球上的旋轉操作之組合。

### 4.2.4　作用於雙量子位元的 CNOT 閘（受控反閘）

接下來，介紹操作兩個量子位元的量子閘（雙量子位元閘）。操作三個以上量子位元的量子閘，能藉由組合單一量子位元閘與雙量子位元閘來實現，所以只需理解至雙量子位元閘即可。CNOT 閘[3] 是稱為控制（controlled）NOT 的閘（受控反閘），有兩個輸入與兩個輸出（圖 4.8）。在兩個輸入當中，一邊稱為**控制（control）位元**，另一邊稱為**目標（target）位元**。真值表如圖所示。CNOT 閘的動作是當控制位元裡輸入 |0⟩，不對目標位元做任何操作；當控制位元裡輸入 |1⟩，對目標位元實施 X 閘（NOT，位元反轉）操作。這個閘的特徵是隨著控

*3：常以「C-Not」稱呼，有時也表記為CX閘。

制位元的狀態來變化對目標位元的動作，控制位元扮演著是否反轉目標位元的開關角色。

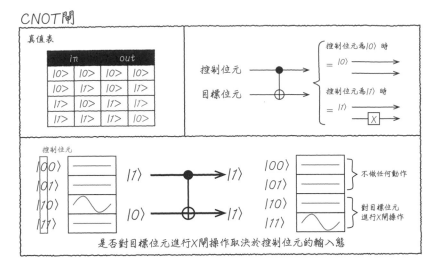

圖 4.8　CNOT 閘

除了 CNOT 閘之外，還有其他雙量子位元閘，基本上如上述以控制位元與目標位元來思考。對目標位元除了進行 X 閘操作之外，還有包括進行 Z 閘操作的 CZ 閘（受控 Z 閘）等。

## 4.2.5　使用 H 閘與 CNOT 閘的量子纏結態生成

這裡來試著思考，對於 CNOT 閘的控制位元，並非輸入 |0⟩ 或 |1⟩ 的確定狀態，而是輸入 |0⟩ 與 |1⟩ 疊加態的情況吧。這時只需將控制位元分為 |0⟩ 的情況與 |1⟩ 的情況來獨立思考即可。舉例來說，假設分別對於「控制位元輸入 |0⟩ 與 |1⟩ 的均勻疊加態、目標位元輸入 |0⟩ 狀態」。此時的輸出會是「控制位元為 |0⟩、目標位元為 |0⟩（對目標位元什麼也不做）」，以及「控制位元為 |1⟩、目標位元為 |1⟩（對目標位元進行 NOT 操作）」這兩個狀態同時出現的疊加態。就像這樣，對於 CNOT 閘的控制位元與目標位元輸入疊加態，便能製作出需要區分情況的複雜疊加態。這樣的狀態稱為「量子纏結態」。

在**圖 4.9** 的波之表現裡，顯示了對「控制位元輸入 |0⟩ 與 |1⟩ 的均勻疊加態、目標位元輸入 |0⟩ 狀態」的情況，請試著確認。雖然輸入態是 |00⟩ 狀態，輸出態變成 |00⟩ 狀態與 |11⟩ 狀態的疊加態，但可發現當一邊的量子位元測量得到 |0⟩ 則另一邊**必定是** |0⟩；且反之，當一邊的量子位元測量得到 |1⟩，另一邊也**必定是** |1⟩。像這樣，當其中一邊決定時，另一邊「不需測量」便能決定，就像是兩個量子位元**纏結在一起**的狀態，因此稱這樣的狀態為**量子纏結態**。

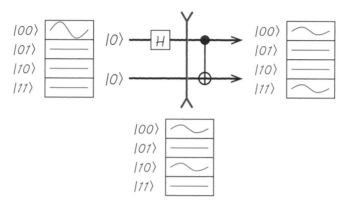

圖 4.9　量子纏結態生成電路（一例）

## 4.2.6 測量（依計算基底進行測量）

截至目前為止，已經介紹了量子電路模型的量子計算所需的基本量子閘。最後說明讀出量子位元狀態的**測量**。

「測量」如同一個量子閘一樣處理，進行操作來改變量子位元的狀態並確定為 0 或 1（**圖 4.10**）。當量子位元的狀態是疊加態時，經過測量也能得到 0 或 1 的古典位元狀態。此外，會出現哪一邊的結果，依據表現 |0⟩ 與 |1⟩ 比例的複數（複數振幅）絕對值平方（機率幅的平方）之值來決定機率。如果是 |0⟩ 與 |1⟩ 的機率幅相同的均勻疊加態，出現 0 與 1 的機率為相同的 50% 均等機率（50%：50%），完全是隨機的。

測量前顯示波性質的量子位元，測量後出現粒子性質[*4]。

　　若是測量多個量子位元，可確定為某一種狀態。比如三個量子位元的情況，雖然可能得到"000"～"111"的八種狀態，但測量後將確定為其中一種狀態。至於得到哪一種狀態，當然是依據各狀態的複數振幅絕對值平方之值來決定。

　　上述是考量三個量子位元全部進行測量的情況，但也可以測量三個量子位元中的一個量子位元。在這種情況下，只有測量過的一個量子位元會變化並決定為 0 或 1，而剩下的兩個量子位元會受到影響。這時剩下的兩個量子位元被第一個量子位元的測量影響，對應於各狀態的複數振幅（機率幅與相位）會發生變化。

測量

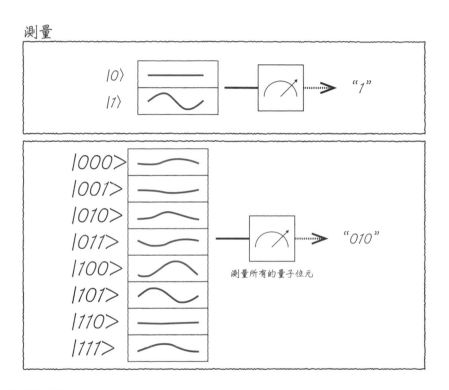

圖 4.10　測量

---

*4：量子力學用語稱為「波函數塌縮」（wave function collapse）。

「測量」是量子力學特有的思考方式，或許不容易想像其做法。必須注意的一點是，進行測量之前與之後，量子位元的狀態會發生變化。這並不是指「量子位元的狀態實際上從測量前開始就是確定的，只是我們不知道」，而是確實在進行測量這個動作的瞬間，量子位元的性質產生了變化[*5]（圖 4.11）。由於有許多實驗結果必須以「測量」的方式思考才能解釋，現今這項觀念已根深柢固。此外，進行測量（得到測量結果）的完全不限定是人類。那麼，究竟為什麼叫做「測量」呢？是否有「進行」與「不進行」測量的界線？量子物理學分支之一的量子測量理論，正是研究量子測量，這個領域非常深奧，建議有興趣的讀者閱讀相關的一般書籍。

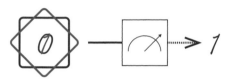

量子態是到進行測量才能確定的狀態

圖 4.11　量子態是到進行測量才能確定的狀態

## 4.2.7 　量子纏結態的性質

　　量子力學的魅力和量子電腦的威力，常被認為是因為有「量子纏結」。雙量子位元的量子纏結態，能以如前述的 H 閘與 CNOT 閘來製作，這是量子電腦中經常出現的量子態之一，具有非常重要的性質。本小節說明量子纏結態的性質。首先，補充說明測量的觀念。

### 於任意軸上的量子位元測量

　　如前所述，量子位元的測量是確定量子位元的疊加態為 "0" 或 "1"，進行讀出量子位元狀態的動作。事實上，這個測量對應於稱為「於計算基底（Z 軸）之

---

[*5]：這項詮釋稱為哥本哈根詮釋（參見第五章章末COLUMN），另外還有其他詮釋（參見：コリン・ブルース《量子力学の解釈問題—実験が示唆する「多世界」の実在》「ブルーバックス」講談社，2008，原著：*Schrödinger's Rabbits: The Many Worlds of Quantum*, Colin Bruce, Joseph Henry Press, 2004）。

投影測量」的測量操作。計算基底是指布洛赫球的 Z 軸,而這個測量可說是「從量子位元讀出 |0〉或 |1〉的古典位元資訊之測量」。由於這是對應於將布洛赫球的箭頭投影至 Z 軸,因此也稱為「投影測量」(圖 4.12)。

同樣地,也能於其他的軸(基底)進行測量。舉例來說,可對布洛赫球的 X 軸投影來進行測量。在布洛赫球的 X 軸上,|0〉與 |1〉的均勻疊加態有相位分別為 0 度(0 弧度)與 180 度(π 弧度)的兩種狀態。這裡將這些狀態稱為正(+)狀態(|+〉)與負(-)狀態(|-〉)。因此,在 X 軸的測量可說是「從量子位元讀出 |+〉或 |-〉的古典位元資訊之測量」。測量之後的量子位元狀態,依據測量結果變化為 |+〉或 |-〉的狀態。

除了 X 軸和 Z 軸,也能於貫穿布洛赫球中心的任意軸上進行測量。比如說,如果將測量軸的兩端命名為 |a〉、|b〉,可進行「從量子位元讀出 |a〉或 |b〉的古典位元資訊之測量」。這時測量之後的量子位元狀態,依據測量結果變化為 |a〉或 |b〉的狀態。

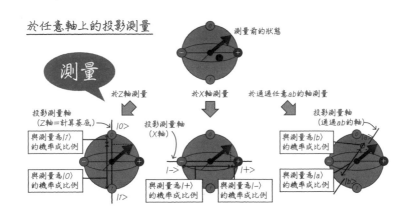

圖 4.12 於任意軸上的投影測量

## 量子纏結的性質

這裡試著於各軸測量有量子纏結態的兩個量子位元,會發生什麼事呢?量子纏結的性質如下所述。

如 **4.2.5** 量子纏結態兩個量子位元的說明,一邊為 |0〉則另一邊也為 |0〉、一邊為 |1〉則另一邊也為 |1〉的量子纏結態((|00〉+|11〉)/ $\sqrt{2}$)有如下性質:

## 4

- 若於同軸上測量，則完全相關（圖 4.13）。
- 若於兩正交軸上測量，則完全不相關（隨機）。
- 若於兩任意軸上測量，則根據兩軸的角度差而有相關性。

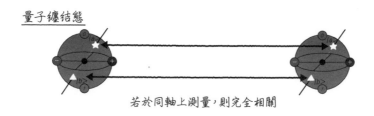

圖 4.13　量子纏結態的兩個量子位元於同軸上測量

　　這種量子纏結態的兩個量子位元，若於同軸上測量，則完全相關。舉例來說，圖 4.9 製作的量子纏結態，於計算基底（Z 軸）測量時，一邊為 |0〉則另一邊也為 |0〉、一邊為 |1〉則另一邊也為 |1〉。事實上不僅如此，依任意軸的測量，若一邊為 |a〉則另一邊也為 |a〉、一邊為 |b〉則另一邊也為 |b〉，具有這樣的相關性。而與依據測量會隨機出現 |0〉或 |1〉一樣，也會隨機出現 |a〉或 |b〉。這種相關性稱為「量子相關性」（quantum correlation）。此外，若非同軸測量，而是於不同軸上進行測量，依用於測量的兩軸之角度差，相關性強度會改變，當兩軸正交時則相關性為 0（無相關）。舉例來說，上述量子纏結態的兩個量子位元，若一邊於 Z 軸測量、另一邊於 x 軸測量，一邊出現的 |0〉與 |1〉，跟另一邊出現的 |+〉與 |-〉，將是完全隨機的（無相關）。

　　儘管這樣的性質隨量子纏結態的種類不同而異，但本質並未改變。比如說，雖然也能製作出於正交軸測量出現完全相關的量子纏結態，但這種情況進行同軸測量將是無相關。

　　量子相關性是在古典現象裡絕對無法實現的量子特有現象（搜尋「貝爾不等式」〔Bell's inequality〕[編注1]和「阿斯佩實驗」〔Aspect's experiment〕[編注2]等關鍵字，可加深理解）。因此，量子相關性在量子計算裡可說扮演非常重要的角色。後文將說明的量子遙傳（quantum teleportation），便是運用這種量子纏結性質的應用範例（量子電路）。

編注1：又名「貝爾定理」（Bell's theorem），指出任何關於定域隱變數的物理理論無法複製量子力學的每一個預測。
編注2：1980年代早期，法國物理學家阿斯佩（Alain Aspect）實驗驗證了貝爾不等式，證實量子纏結，衍生出量子計算和量子加密等技術。

# 4.3 量子閘的組合

截至目前為止，說明了構成量子電路的元素，亦即量子閘的運作。本節開始將組合量子閘來建構其他量子閘，藉由建構簡單的量子電路，試著進行初步的量子計算。

## 4.3.1 SWAP 電路

首先，介紹 **SWAP 電路**（互換閘），做為組合量子閘來構成其他動作的量子閘範例。SWAP 電路是將兩個量子位元的狀態進行互換的電路。這可藉由組合三個 CNOT 閘來實現。圖 4.14 顯示 SWAP 電路的真值表，以及使用三個 CNOT 閘的等價構成。試著一邊回想前述的 CNOT 動作，一邊確認 SWAP 電路的真值表吧。如此一來，藉由組合基本的量子閘，可建構有各式各樣操作的量子電路。事實上，若善加組合 H 閘與 T 閘（參見 4.1.2 的真值表），可實現任意的單一量子位元運算；如果進一步與 CNOT 閘組合，可執行任意的多量子位元運算（也就是任意的量子計算）。因此，H、T、CNOT 成為通用閘組合（通用量子運算組合）的範例。

| SWAP閘 | in | | out | |
|---|---|---|---|---|
| | \|0> | \|0> | \|0> | \|0> |
| | \|0> | \|1> | \|1> | \|0> |
| | \|1> | \|0> | \|0> | \|1> |
| | \|1> | \|1> | \|1> | \|1> |

以CNOT閘建構SWAP電路

圖 4.14　SWAP 電路

## 4.3.2 加法電路

接下來介紹加法量子電路。對於兩個二進數的加法，可如圖 4.15 所示，用四個量子位元的量子電路來計算[*6]。在量子電路裡，一般來說是隨著時間進行從左往右走。最左邊縱向排列四個 $|0\rangle$，表示各個量子位元一開始的狀態（初始狀態）。基本上，量子電路模型會將初始狀態顯示為如 $|0000\rangle$，全部設為 $|0\rangle$ 狀態。請留意這裡的初始狀態並非計算的輸入。在量子電路裡，計算的輸入以量子閘的組合來表示。此外，計算的輸出（計算結果）則是量子位元的狀態測量結果。在這個電路中，依據放置於「輸入部分」的量子閘組合來表示計算的輸入。輸入方法如圖 4.15 所示。如果放入 X 閘，則量子位元從 $|0\rangle$ 變化為 $|1\rangle$，可輸入 "1"。這個電路裡第一個和第二個量子位元的 a、b 位置之量子態對應於輸入，第三個和第四個的測量後狀態 c、d 則對應於輸出。量子電路的計算部分，由三個量子閘構成，從左邊開始第一個稱為 Toffoli 閘（托佛利閘）（參見 4.1.4 的真值表），這個閘將 CNOT 閘的控制位元增加為兩個，也稱為 CCNOT 閘（controlled-controlled-NOT gate）。只有當從兩個控制位元輸入 $|11\rangle$ 時，Toffoli 閘才會對目標位元進行 X 閘操作。第二個、第三個量子閘為 CNOT 閘，至於計算結果，第三個量子位元的測量結果 c 對應於計算結果的第二位、第四個量子位元的測量結果 d 對應於計算結果的第一位。請試著一邊適用 Toffoli 閘與 CNOT 閘的操作，一邊確認加法電路的真值表。

---

[*6]：也能以更簡單的三量子位元的電路來構成（參見：宮野健次郎、古澤明《量子コンピュータ入門》〔第2版〕圖5.3，日本評論社，2016）。

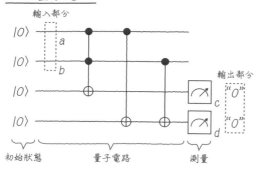

加法量子電路

輸入部分

$|0\rangle$ a

$|0\rangle$ b

$|0\rangle$

$|0\rangle$

初始狀態　　量子電路　　測量

輸出部分

"0" c

"0" d

加法電路的真值表

| in | | out | |
|---|---|---|---|
| a | b | c | d |
| $|0\rangle$ | $|0\rangle$ | $|0\rangle$ | $|0\rangle$ |
| $|0\rangle$ | $|1\rangle$ | $|0\rangle$ | $|1\rangle$ |
| $|1\rangle$ | $|0\rangle$ | $|0\rangle$ | $|1\rangle$ |
| $|1\rangle$ | $|1\rangle$ | $|1\rangle$ | $|0\rangle$ |

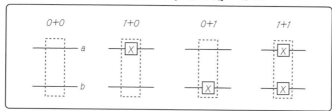

問題的輸入方法

0+0　　　　1+0　　　　0+1　　　　1+1

a

b

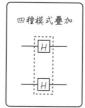

四種模式疊加

圖 4.15　加法量子電路

## 4.3.3　使用加法電路的平行計算

關於這個加法電路，至此的說明進行的計算與古典計算相同，沒有量子計算的意涵。因此，來想想量子電路的輸入部分置入 H 閘而非 X 閘，試著輸入疊加態吧。如圖 4.15 的右側所示，對兩個量子位元進行 H 閘操作，將成為分別是 $|0\rangle$ 與 $|1\rangle$ 的均勻疊加態。a、b 都會是同時輸入 $|0\rangle$ 與 $|1\rangle$ 的狀態。在這種情況下，這個電路仍能正常動作，輸出部分 c、d 的測量前狀態，會是 0+0、0+1、1+0、1+1 這四個計算結果均勻疊加的狀態。雖然很想說「這就是量子計算啊！由於能將四個計算平行地執行，實現了超平行計算，只需不斷增加輸入位元數，即使是大量的計算也能瞬間結束！」，現實情況卻非如此順遂。

問題在於依據測量而得的計算結果是隨機選取的。就算製作了「0+0、0+1、1+0、1+1 這四個計算結果的均勻疊加態」，測量時如果不知道是出現哪一個，不知道得到的結果是這四個計算的哪一個結果，就不是有意義的計算。因此，這

個量子電路雖然能做到古典計算，但無法使用疊加態來進行凌駕於古典計算的量子計算。那麼，究竟該怎麼做，才能讓優勢的量子計算變得可能呢？請詳見 5.2 的說明。

圖 4.16　量子加法電路無法進行量子平行計算

## 4.3.4　可逆計算

　　量子計算的特徵性質包括**可逆計算**。所謂可逆計算，係指可以逆推的計算，可從輸出態來正確推測輸入態的計算。舉例來說，古典計算的 NOT 閘，若輸出為 0 則輸入為 1、輸出為 1 則輸入為 0，可從輸出值來正確推測輸入值。因此，NOT 閘可說是可逆計算。另一方面，AND 閘輸出為 1 則可得知輸入為 11，但當輸出為 0 時，輸入可能是 00 或 01 或 10，無法正確推測是三種情況中的哪一種。由於無法逆推計算（無法從輸出計算得出輸入），所以 AND 閘並非可逆計算。

　　像這樣古典計算的 AND 閘和 NAND 閘等「輸入與輸出個數不同」的閘，會是不可逆計算。也就是說，為了成為可逆計算，必須像 NOT 閘一樣，輸入與輸出個數相同。

　　再來看看量子計算的量子閘，所有量子閘都有相同的輸入與輸出個數（圖 4.17）。亦即量子計算為可逆計算。可逆計算的思考與「計算是否需要能量？」的討論密切相關，理論上可導出進行可逆計算不需要能量這個結論（蘭道爾原理）。然而，這是理論層面的討論，實際上要做出消耗電力為 0 的量子電腦極為困難。

古典計算（邏輯閘） 量子計算（量子閘）

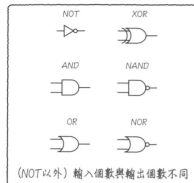

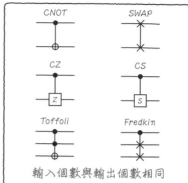

圖 4.17 邏輯閘為不可逆計算、量子閘為可逆計算

## 何謂量子計算的通用性？

通用量子電腦的「通用」是什麼意思呢？這個詞是指對於可用量子力學說明的各種現象都能進行計算（模擬）。眾所周知，這個世界上發生的大多數物理現象都能用量子力學來說明。因此，若能正確計算量子力學的基本方程式，理論上就能說明這個世界上發生的絕大部分物理現象。此外，由於量子力學完全包含了古典力學（古典力學是量子力學的近似），遵循古典力學運作的古典電腦所能計算的每一個問題，絕對能用量子電腦計算。

量子力學的基本方程式稱為薛丁格方程式（Schrödinger equation）。從這個方程式導出的結果，與至今取得的各種實驗結果完全一致，因此咸信薛丁格方程式是正確的。

薛丁格方程式的意涵是，對於遵循量子力學的所有物理現象，以稱為么正性（unitarity）<sup>（編注3）</sup>時間演進的方法來讓時間變化。自然界正是依據么正性時間演進。因此，若能計算么正性時間演進，就可以計算用量子力學來說明的每一種現象。而量子電腦正可想成是計算量子位元的么正性時間演進（進行么正變換〔unitary transformation〕）的裝置。換言之，量子計算即么正性時間演進的計算。量子計算（么正性時間演進、么正變換）能以量子閘的組合來表現。因此，能計算所有么正性時間演進（么正變換）的裝置，便稱為「通用」量子電腦。

那麼，怎麼知道某個量子電腦是否為通用呢？為了顯示量子電腦的通用性，已知在量子電路模型裡需要幾個量子閘組合。在古典電腦中，比如說只要有 NAND 閘，就能藉由其組合實現所有的古典計算。至於量子電腦，比如說只要有「單一量子位元閘與 CNOT 閘」，便能顯示通用性。此外，若有 H 閘與 T 閘，根據其組合便能製作出單一量子位元閘，因此如果有「H 閘、T 閘、CNOT 閘」的組合便能顯示通用性（錯誤更正還需要 S 閘）。在實際機器中實現顯示這種通用性的閘組合，正是開發通用量子電腦的最大目標。

### 量子電腦的通用閘組合

```
    ┌───┐         │         ┌───┐
────┤ H ├─────────●─────────┤ T ├────
    └───┘         │         └───┘
                ┌─┴─┐
────────────────┤ ⊕ ├─────────────────
                └───┘
              CNOT閘
```

圖 4.18 量子電腦的通用閘組合

編注3：即微觀過程物質不滅原理。

# 第 5 章

# 量子電路入門

量子電路模型藉由建構量子電路來進行量子計算。本章運用量子電路，說明簡單的量子計算範例，解析量子計算高速化的機制。

# 5.1 量子遙傳

本節說明稱為量子遙傳的著名量子操作。這是簡單的量子電路範例，除了計算之外，這個例子也可用來了解如何表現各式各樣的量子物理現象。此外，這也是邁向稱為測量型量子計算的量子計算方法之基礎的重要範例。

## 5.1.1 狀況設定

這裡說明**量子遙傳**的狀況設定。A 小姐與 B 先生分隔兩地，假設 A 小姐想將一個量子位元的量子態 $|\Psi\rangle$ 傳送給 B 先生。$|\Psi\rangle$ 裡有 $|0\rangle$ 與 $|1\rangle$ 的疊加態，但表示比例的係數 α 與 β，A 小姐與 B 先生都不知道。此外，A 小姐與 B 先生只有古典的通訊方式（如電話或郵件等）。在這種情況下，無法傳送量子態。因為量子態在測量之後便會損壞，一旦測量取得古典資訊（古典位元）並傳送，就無法重現原本的量子態（**圖 5.1**）。因此，A 小姐在思考「不損壞」量子態來傳送給 B 先生的方法。

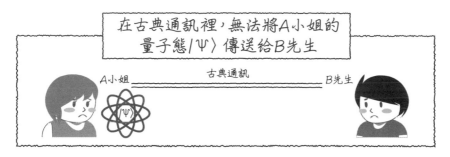

圖 5.1　量子遙傳的設定

## 5.1.2 量子纏結態的雙量子位元

以古典通訊傳送而不損壞量子態的方法，便是量子遙傳。為了進行這項操作，首先 A 小姐與 B 先生需要在分隔兩地之前製作有**量子纏結態**的雙量子位元，事先各持有一個量子位元。所謂量子纏結態，係持有特殊相關性（量子相關性）的

兩個量子位元，可由 4.2.5 介紹的量子閘製作出來。

從 |00⟩ 狀態（兩個量子位元均為 |0⟩）開始，其中一個進行 H 閘操作製作均勻疊加態，其後對於 CNOT 閘的控制位元輸入這個疊加態，另一邊的目標位元則輸入 |0⟩ 狀態。CNOT 閘的輸出，會是 |00⟩ 狀態（控制位元為 |0⟩ 時目標位元仍為 |0⟩）與 |11⟩ 狀態（控制位元為 |1⟩ 時目標位元進行 NOT 閘操作而為 |1⟩）的均勻疊加態。這個狀態是以 $1/\sqrt{2}|00\rangle + 1/\sqrt{2}|11\rangle$ 表現的雙量子位元狀態，當一邊為 |0⟩ 時則另一邊必定為 |0⟩、一邊為 |1⟩ 時則另一邊必定為 |1⟩，持有特殊性質（量子相關性）的兩個量子位元之狀態。無論範例中的兩者分隔多遠，依據一邊的測量結果為 |0⟩ 或 |1⟩，另一邊的量子位元狀態也會確定，就像是纏結在一起的狀態，因此稱為量子纏結（圖 5.2）。此外，有量子纏結態的兩個量子位元，還具有同軸測量則必定相關這樣的特殊相關性。量子遙傳便是運用這種量子相關的性質。假設 A 小姐與 B 先生兩人製作了有量子纏結態的雙量子位元，互相各持有一個之後才分隔兩地吧。

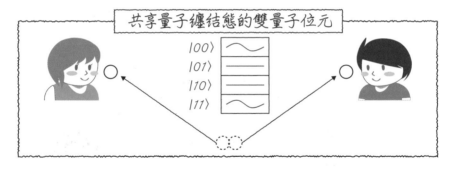

圖 5.2　量子纏結態的共享

### 5.1.3　量子遙傳

分隔兩地的兩人，各自持有量子纏結態的兩個量子位元其中一個，想藉此將 A 小姐持有的未知量子位元 |Ψ⟩ 傳送給 B 先生。首先，A 小姐將量子纏結態的其中一個量子位元，以及想傳送的量子態 |Ψ⟩ 做為輸入，給予 CNOT 閘進行操作。此時，在控制位元輸入 |Ψ⟩、在目標位元輸入量子纏結態的其中一個量子位元。然後，對控制位元的輸出進行 H 閘操作之後，A 小姐測量兩邊的量子位元。由量

子閘的計算可以得知，測量結果會是均等機率地（各為 25%）成為 |00⟩、|01⟩、|10⟩、|11⟩ 其中一個（這裡不深入探究量子閘的計算細節）。接著，以古典通訊將測量所得的結果傳送給 B 先生。舉例來說，A 小姐測量為 |00⟩ 之後，用電話等方式告知 B 先生「測量得到 |00⟩ 喲」。之後，B 先生依據 A 小姐提供的測量結果，對自己持有的量子纏結態另一個量子位元進行量子閘操作。當 A 小姐告知 |00⟩ 則什麼也不做、|01⟩ 則進行 X 閘操作、|10⟩ 則進行 Z 閘操作、|11⟩ 則進行 X 閘操作再進行 Z 閘操作。如此一來，B 先生所持有的量子纏結態另一個量子位元，依據這樣的量子操作，變化為 |Ψ⟩ 量子態。無論 A 小姐的測量結果是四種狀態中的哪一種、|Ψ⟩ 是何種狀態，量子遙傳都能成功，讓 A 小姐完美地將 |Ψ⟩ 狀態傳送給 B 先生（圖 5.3）。

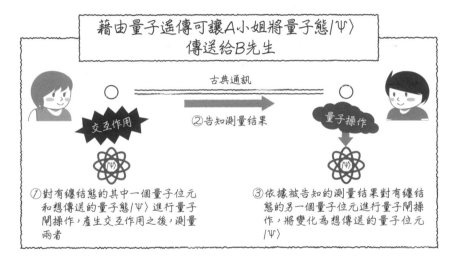

圖 5.3　量子遙傳

## 5.1.4　以量子電路表現

以上便是名為量子遙傳的操作。這項操作可以用量子電路來表現（圖 5.4）。首先從 A 小姐與 B 先生都持有 |0⟩ 狀態開始，藉由 H 閘和 CNOT 閘來生成量子纏結態，完成準備工作。之後，兩人分隔兩地，A 小姐這一邊對想傳送的量子態 |Ψ⟩ 和量子纏結態的其中一個位元實施 CNOT 閘和 H 閘操作進行測量（這裡

CNOT 表示交互作用，上方的測量表示 H 閘和以計算基底測量的 X 軸測量，下方的測量是表示於 Z 軸的測量）。接下來，將測量結果以古典通訊傳送給 B 先生，而 B 先生依據 A 小姐告知的測量結果對量子纏結態的另一個位元進行 X 閘與 Z 閘操作。在量子電路圖裡，以雙線代表古典通訊，當最上方的量子位元之測量結果為 1 則進行 Z 閘操作、當上面第二個量子位元為 1 則進行 X 閘操作。如此一來，B 先生這一邊可生成量子態 |Ψ⟩，完成量子遙傳。

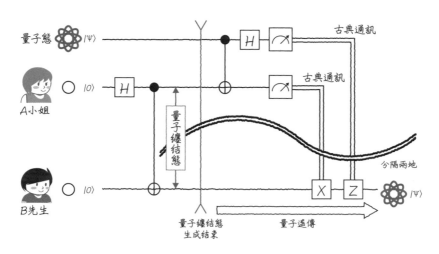

圖 5.4　量子遙傳的量子電路

## 5.1.5 量子遙傳的特徵

　　量子遙傳顯著展現具量子力學特徵的兩件事。首先是「乍看似乎比光速還快的通訊（超光速通訊）」，其次是「顯示了量子態無法複製的範例（量子不可複製定理）」。

　　第一點顯示了根據相對論這個與量子力學（量子論）並列的物理基本理論，「不可能有比光速更快的通訊」。然而，若使用量子纏結態的一對量子位元，依據其中一個量子位元的測量結果，另一邊的量子位元狀態（無論分隔多遠）能瞬間確定，看起來好像測量結果的資訊以比光速更快的速度傳送。但在量子遙傳裡，如果不進行古典通訊（當然無法超越光速），B 先生無法得到 |Ψ⟩，不能

將**有意義的資訊**以超越光速的速度傳送。換言之，關鍵是藉由古典通訊來傳送測量結果的資訊。第二點是在量子力學裡，有一項定理稱為「量子不可複製定理」。量子遙傳雖然是將 |Ψ⟩ 這個量子態從 A 小姐傳送給 B 先生，但這是在 A 小姐將測量結果傳送給 B 先生之後，B 先生才獲得 |Ψ⟩，完全沒有同時存在兩個 |Ψ⟩ 的瞬間。A 小姐因測量而損壞 |Ψ⟩ 之後，B 先生這邊重現 |Ψ⟩。像這樣，由於無法複製量子態，量子電腦禁止複製貼上之類的操作，可想像與我們使用的古典電腦大不相同（圖 5.5）

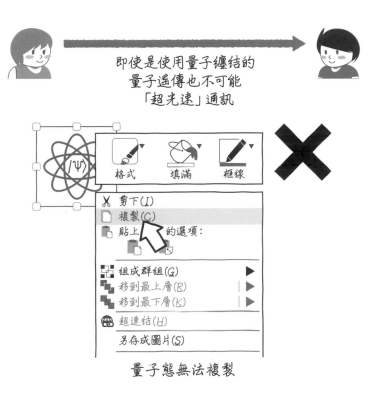

圖 5.5　量子遙傳的特徵

# 5.2 ‖ 高速計算的機制

4.3.2 雖然建構了加法量子電路，但即使輸入疊加態也不能進行有意義的計算，無法以量子計算來實現高速計算。為了以量子計算來實現比古典計算更快的計算，必須在量子電路上多費工夫。本節說明要做哪些設計才能實現高速計算，其中扮演重要角色的是波的**干涉**性質。

## 5.2.1 波的干涉

量子位元在計算中，對於 0 與 1 的狀態以波的形式持有機率幅與相位，量子計算的操作能讓這個波發生干涉。接下來說明波的干涉究竟是什麼。

舉例來說，思考當兩列波發生碰撞（疊加），若峰與峰、谷與谷之間碰撞，會產生更大的波（振幅增加）。這稱為建設性干涉（constructive interference）。反之，如果是峰與谷、谷與峰之間碰撞，會互相抵消變得平坦（振幅減少）。這稱為破壞性干涉（destructive interference，摧毀性干涉）。像這樣兩列波碰撞而產生的振幅變化，稱為波的**干涉現象**（圖 5.6）。這種干涉現象會造成振幅增加還是減少，取決於碰撞的兩列波之相位差。

在量子電腦（特別是量子電路模型）裡，讓量子位元的波產生干涉是達成高速計算的重要關鍵。可以準備大量的量子位元，把波分配給量子位元狀態的每一種組合。依據量子電路讓這些波產生干涉來進行量子計算。此時，由於依據「相位」，干涉的方式不同，因此「相位」在量子計算中扮演極為重要的角色。下面說明實際的計算機制和得以高速計算的原因。

圖 5.6 波的干涉現象

## 5.2.2 同時維持所有狀態：疊加態

　　量子位元分別對 0 與 1 的狀態以機率幅和相位的形式持有。在量子電路模型的量子電腦裡，準備很多這樣的量子位元，將所有的量子位元設定為 |0〉狀態（0 的機率幅為 1.0〔100%〕且 1 的機率幅為 0.0〔0%〕的狀態）來進行初始化。接著依據量子演算法預先決定好的量子電路，對各個量子位元進行量子閘操作。

　　每一個量子位元通過量子閘時，其狀態會發生變化，「機率幅」與「相位」會逐步產生變化。比方說，通過先前出現過的 H 閘，0 狀態會成為 0 與 1 機率各半（50%/50%）的均勻疊加態。因此，n 個量子位元全部通過 H 閘之後，可以獲得 n 個有 0 與 1 均勻疊加態的量子位元（n=3 的情況如圖 5.7 所示）。由於逐個量子位元都以 0 與 1 各 50% 的機率**測量**得出狀態，如果對 n 個位元全部測量狀態，例如從第一個位元到第 n 個位元，有時可能全部出現 "0"。 也就是說，計算結果可能出現 "000000…0" 這樣有 n 個 "0" 的狀態。當然，計算結果也可能出現 "111111…1" 這樣有 n 個 "1" 的狀態。除此之外，還可能得到像是 "010101…1" 之類，對 n 位元的二進數得到的所有狀態（2 的 n 次方種狀態），測量出的可能性均等機率存在。換句話說，若不進行測量，這會實現得到二進數所有狀態（2 的 n 次方種狀態）的疊加態。只不過，得到這些個別狀態的機率是 2 的 n 次方分之一，機率極小。

### 三個量子位元的均勻疊加態

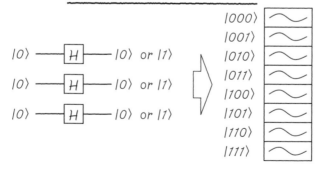

圖 5.7　三個量子位元的均勻疊加態

### 5.2.3 機率幅的增幅與結果的測量

　　就像這樣，量子電腦可以實現同時處於多種狀態，如果善加運用，便能做到超平行計算，這正是量子電腦高速計算的機制。如上所述，讓所有的量子位元通過 H 閘，製作 n 個量子位元的均勻疊加態，即實現從 "000000…0" 到 "111111…1" 的所有狀態。機率幅表示實際測量為該狀態的機率，所以每一種狀態所持的機率幅非常小（2 的 n 次方分之一的平方根）。此外，每一種狀態的相位通過 H 閘之後，全部成為同相。接著，若讓一些量子位元通過使相位發生變化的量子閘，如 Z 閘，Z 閘的作用會讓幾個狀態的相位產生 180 度的變化（n=1 的情況如圖 5.8 所示）。其後若再次通過 H 閘，這時便會發生機率幅的干涉現象，造成某狀態的機率幅增加，其他狀態的機率幅減少。在這裡，H 閘具有讓各狀態的波發生干涉的作用。如此一來，藉由讓量子位元通過各式各樣的量子閘，逐步使狀態的機率幅巧妙地發生干涉。在這裡，<u>成功地只讓對應於計算結果正確解答狀態的機率幅增幅，而讓其他對應於錯誤解答狀態的機率幅打消來減少機率幅，依這樣的方式來設計量子電路（量子閘的順序與組合），便是量子演算法。</u>

## 一個量子位元電路的量子干涉範例

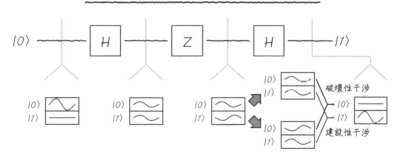

圖 5.8　一個量子位元電路的量子干涉範例

　　**圖 5.9** 的例子裡，藉由對三個量子位元裡正中央的量子位元進行 Z 閘操作，會成為對測量結果僅有 |010⟩ 的狀態以高機率被測量出的電路。其他的狀態會依據後半的 H 閘而發生破壞性干涉現象。在這樣的電路裡，雖然幾乎稱不上計算，只是從 |000⟩ 狀態遷移至 |010⟩ 狀態而已，但可做為了解量子電路裡干涉現象

的單純電路範例。

　如果妥善設計量子演算法，建構更複雜的量子電路，可以極高速地比古典電腦更快得到計算結果。這就是量子電腦高速計算的機制。

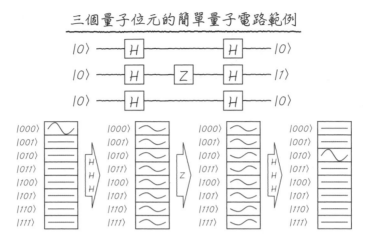

圖 5.9　三個量子位元的簡單量子電路範例

## 5.2.4 量子電腦高速計算範例：發現隱藏週期性

　用稍微複雜一點的量子電路為例，來說明量子計算的效用吧。量子計算的代表性範例是**量子傅立葉變換**（quantum Fourier transform, QFT）。這可以想成若輸入某狀態，則輸出根據輸入而有週期性的量子態之量子電路。圖 5.10 示意了三個量子位元的 QFT 電路。QFT 電路的內容雖然是由目前為止介紹過的量子閘來組合建構而成，但因為比較複雜，這裡不深入探討內部組成，只看它的動作。

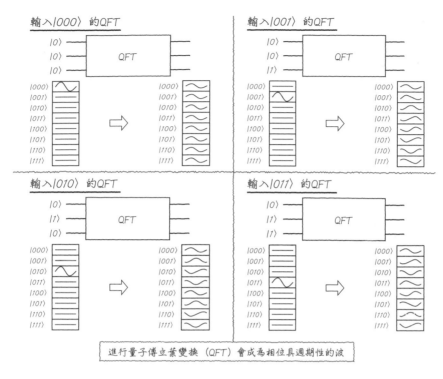

圖 5.10　進行量子傅立葉變換（QFT）會成為相位具週期性的波

　　對於三個量子位元的輸入，如果輸入 |000⟩ 狀態（**圖 5.10 左上**），QFT 電路的輸出會是 |000⟩ ～ |111⟩ 所有狀態的均勻疊加態。這與通過三個 H 閘的動作相同。而輸入 |001⟩ 狀態時（**圖 5.10 右上**），與 |000⟩ 的情況一樣，會是 |000⟩ ～ |111⟩ 所有狀態的均勻疊加態，不過可發現每一個波的相位逐漸偏移。這個相位偏移，正好是以 |000⟩ ～ |111⟩ 為一個週期來偏移。接下來，輸入 |010⟩ 狀態（**圖 5.10 左下**），仍是相位偏移的均勻疊加態。這時相位的偏移量為 |000⟩ ～ |011⟩ 一個週期、|100⟩ ～ |111⟩ 又一個週期，整體有兩個週期的偏移。再輸入 |011⟩（**圖 5.10 右下**），則是有三個週期的相位偏移的均勻疊加態。就像這樣，QFT 電路的作用是依據輸入量子位元的狀態，輸出相位具週期性的量子位元狀態。

　　藉由反向利用 QFT 電路的這種作用，可以發現隱藏的週期。QFT 電路的逆變換電路稱為**量子逆傅立葉變換**（Inverse QFT, IQFT）電路。IQFT 電路的動作如圖 5.11 所示，輸入與輸出的動作與 QFT 相反。因此，如果輸入相位具週期性的量

子態，只有符合該週期的狀態之機率幅會依據 IQFT 電路的干涉現象受到增幅來輸出。從測量結果觀察，可以檢測出輸入態的相位裡隱藏著何種週期，即視為**發現隱藏週期性（hidden periodicity）的電路**。

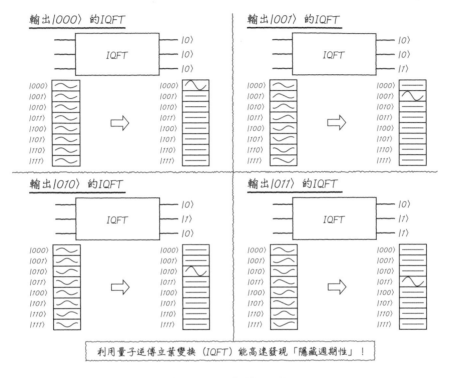

圖 5.11　利用量子逆傳立葉變換（IQFT）能高速發現「隱藏週期性」！

　　這種 IQFT 電路經常用於比古典計算更高速的量子計算演算法，藉由波的干涉找出隱藏週期性是讓量子計算高速化不可或缺的。高速求解質因數分解的 **Shor 演算法**（參見 6.3）也用到這項觀念。

### 5.2.5　量子纏結態

　　這裡再次思考量子纏結態吧。量子纏結態在量子計算中的重要性不言而喻。量子遙傳也會運用量子纏結態，當測量後確定其中一邊的量子位元，也會瞬間確定

另一邊的量子位元狀態，這樣持有量子相關性的狀態就是量子纏結態。量子纏結態也稱為量子糾纏態，用於量子遙傳時是雙量子位元的量子纏結態，使用 H 閘與 CNOT 閘來生成。如果是複雜的量子電路，這種量子纏結態不限於雙量子位元間，而是呈現更大規模的纏結態。這樣無法用一個布洛赫球表現每一個量子位元的狀態，而是必須分情況來描述狀態，如「這個量子位元是 |0〉 的話，則這個量子位元為這種狀態，|1〉 的話……」。實現後述 Shor 量子演算法和 Grover 量子演算法的量子電路，儘管都是組合截至目前介紹過的量子閘所建構而成，但變得非常複雜，呈現大規模量子纏結態。因此，計算過程中無法獨立考慮量子位元的各種狀態，必須針對測量後的所有組合個別考慮。布洛赫球不足以表現多個量子位元的情況，原因正在於此（因此，使用將測量後所有狀態縱向排列的「波的表現」）。

就像這樣，量子纏結態很自然地用於量子電路的量子計算，以此做為計算資源進行量子計算（圖 5.12）。

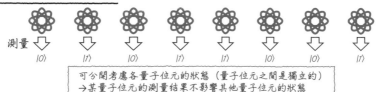

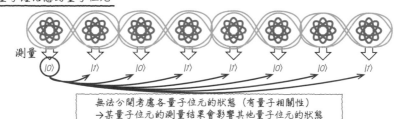

圖 5.12　量子計算中的量子纏結示意

## 5.2.6 總結

量子電腦高速計算機制的要點彙整如下：

- 做為量子計算基礎的量子力學兼具**波**與**粒子**的性質。
- 做為量子計算基本單位的量子位元，在測量前有波的性質，為 $|0\rangle$ 狀態與 $|1\rangle$ 狀態的疊加態。
- 若測量量子位元，會發揮**粒子**的性質，明確決定為 $|0\rangle$ 或 $|1\rangle$。
- 測量出的機率，依每一種狀態持有的波之複數振幅絕對值平方（機率幅的平方）而定。
- 透過由大量量子閘組成的量子電路來操作量子位元，並利用波的干涉現象，可以只對期望狀態的機率幅進行增幅，進行量子計算。
- 在如 IQFT 電路裡，能高速發現輸入態裡的隱藏週期性。

結果究竟是什麼讓量子計算比古典計算更高速呢？量子電腦藉由波的干涉，能同時讓多個狀態的機率幅發生變化，其中關鍵是只讓期望的量子態之機率幅得以增幅的操作（**圖 5.13**）。因為在古典計算裡，無法實現讓機率幅打消或增幅的干涉現象。

「機率幅的干涉」實現了量子電腦的高速計算

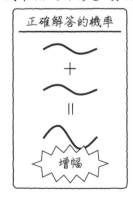
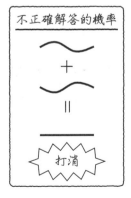

圖 5.13　高速計算的機制

## 量子力學測量的不可思議

### • 波函數塌縮

一旦進行測量（或稱為觀測），量子位元的狀態會發生變化，從 0 與 1 的疊加態變為 0 或 1 的確定狀態，量子力學稱之為「波函數塌縮」。這是指測量前量子態如同波（波束）一般，而依據測量會像粒子般收縮。這種現象顯然超越我們的常識，常做為顯示量子力學不可思議的代表性範例。其中特別著名的是「薛丁格的貓」（Schrödinger's cat）(編注1)。然而，這種所謂波函數塌縮的現象是一種詮釋，這項詮釋稱為哥本哈根詮釋（Copenhagen interpretation）(編注2)。另外還有美國量子物理學家艾弗雷特（Hugh Everett III）的多世界詮釋（many-worlds interpretation）(編注3)，量子電腦先驅之一的多伊奇也是知名的多世界詮釋支持者。

### • 計算過程中的測量

「測量」量子位元的狀態這件事，如前所述，在量子電腦裡具有特殊意義。在古典電腦裡，計算過程中讀出位元值（儲存於記憶體裡的資訊），無論是在計算的最後或計算中間進行幾次讀出都不會造成任何問題，可以進行計算。另一方面，量子電腦若讀出計算過程中的量子位元值，根據測量，量子位元的狀態本身會發生變化。無論是在量子電路模型或量子退火裡，計算過程中（量子閘操作或退火操作過程中），不可對量子位元的狀態進行不必要的讀出。計算過程中進行不必要的量子位元測量，與計算過程中置入雜訊是等價的（這個雜訊稱為去相干〔decoherence〕），最後會造成計算結果有誤。因此，「測量」是為了得到計算結果，在計算的最後進行。不過，也有特意藉由測量來利用狀態變化進行量子計算的情況（測量型量子計算等）。

---

編注1：奧地利物理學家薛丁格（Erwin Schrödinger）於1935年提出的思想實驗，指出由於先前發生事件的隨機性質，貓會處於生存與死亡的疊加態。

編注2：1927年，波耳和海森堡（Werner Heisenberg）在哥本哈根合作研究時共同提出的詮釋，根據這項詮釋，量子系統的量子態可以用波函數來描述。

編注3：觀測一個處於共存狀態的量子時，分離出無數個平行宇宙，每個宇宙都有一個確定的狀態，以此來解釋微觀世界的各種現象。

# 第 6 章

# 量子演算法入門

本章說明量子電腦周邊系統和量子演算法的功用。接著,介紹已知能比古典計算更高速計算的代表性量子演算法。

# 6.1 ‖ 量子演算法的現況

著名的量子電腦演算法包括 Shor 演算法和 Grover 演算法（後述）。眾所周知，這些演算法理論上可以比古典電腦更高速。然而，這些演算法是以通用量子電腦為前提，也就是必須有容錯能力，要突破巨大的障礙才能實現。

目前的狀況是正在開發有數十至數百個量子位元的有雜訊非通用量子電腦（NISQ），並非實作 Shor 演算法和 Grover 演算法，而是研究 NISQ 也能展現實用性的量子古典混合演算法。

首先介紹 Grover 演算法和 Shor 演算法，接著再說明量子古典混合演算法。

圖 6.1　量子演算法現況

# 6.2 ‖ Grover 演算法（格魯弗演算法）

眾所周知，Grover 演算法是能比古典電腦更高速解決搜尋問題的演算法。此外，這個演算法所用的振幅增幅手法，是使用量子性的演算法重要範例。

## 6.2.1 概要

Grover 演算法用來解決如搜尋問題。什麼是搜尋問題呢？本書中將找出滿足特定條件的東西之問題，稱為搜尋問題。這裡以搜尋迴路的「哈密頓循環問題」（Hamiltonian cycle problem，亦名哈密頓迴路問題）來思考。

哈密頓循環問題是研究「對於多個城市，是否存在從某地出發逐一經過各地一次又回到原地的循環（迴路）」的問題。

觀察圖 6.2 左側所示的地圖，想想求解是否存在迴路的問題吧。要解決這個問題，通常的做法是反覆試驗是否能從起始地點逐一走過每座城市，經過所有城市一次並回到原地，找出這樣的路徑。在這種情況下，只能徹底檢查可能的路徑。可以想見隨著城市數變多，路徑會呈指數增加。因此，即使用計算機也很難檢查所有路徑（一般認為哈密頓循環問題是 NP 完全問題）。然而，一旦找到迴路，立刻就能知道這個地圖「有迴路」。換言之，這個搜尋問題是「解答困難但容易確認」的問題。

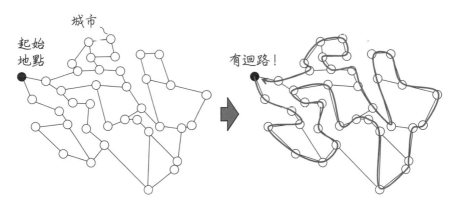

圖 6.2　哈密頓循環問題

對於這樣的問題，有時能用量子電腦有效率地解決。在 Grover 演算法裡，以多個量子位元的狀態來表現所有路徑，用量子閘來建構判斷某路徑是否為滿足條件（通過所有城市）的迴路的電路。對於有 N 種路徑的情況，顯示只需要 $\sqrt{N}$ 次左右的計算即可。一般來說，徹底檢查必須判斷 N 次左右，也就是需要 N 次左右的計算，因此 $\sqrt{N}$ 非常高速。

## 6.2.2 量子電路

首先，Grover 演算法的量子電路圖概要，如圖 6.3 所示。這個量子電路對於輸入的量子位元，首先操作 H 閘，接著反覆使用 Grover 運算子（以下稱為 G 電路）來構成。G 電路的內容雖然是由目前為止介紹過的量子閘來組合建構而成，但這裡不深究細節，只說明它的動作。

在這個量子電路裡，首先以 H 閘來生成所有狀態的均勻疊加態。接著，將想要搜尋的全部路徑分配於這個疊加態的各狀態。

也就是說，從 |000…0⟩ 狀態到 |111…1⟩ 狀態的每一個狀態均對應到各個不同的路徑，將問題設定為搜尋其中哪個路徑是能滿足條件（通過所有城市）的迴路。舉例來說，假設 |010010⟩ 狀態所對應的路徑便是滿足條件的迴路吧。當然，計算之前，我們不知道滿足條件的迴路是 |010010⟩。我們有的是對於某輸入態，得以判斷該狀態是否為滿足條件的狀態的量子電路（稱為 oracle，這裡叫做判斷電路〔decision circuit〕）。

換言之，儘管我們能「判斷」某個（對應於路徑）量子態是否為滿足條件的狀態（解答），但「不知道」它是什麼樣的狀態（什麼樣的路徑）。這便是 Grover 演算法的問題設定。

對於這個判斷電路，雖然逐一輸入所有狀態總能找到哪一個是解答，但當搜尋對象的狀態數量（候選解答數）為 N 個狀態時，必須輸入 N 次左右，因此 N 較大時會耗時太久。另一方面，由於這個判斷電路為量子電路，也能輸入疊加態，可以同時輸入所有狀態的每一種（全部候選解答）。此時，如果妥善建構量子電路，可以只對想找出的狀態之機率幅進行增幅，便能以比 N 次更快的 $\sqrt{N}$ 次左右輸入來搜尋。

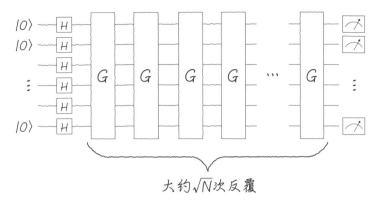

大約 $\sqrt{N}$ 次反覆

圖 6.3　Grover 演算法的量子電路圖

　　接下來說明 Grover 運算子（G 電路）的動作。第一個 G 電路裡輸入了均勻疊加態。G 電路當中由兩段組合而成，第一段是判斷電路，依此將想找出的狀態之相位反轉。圖 6.4 描繪了機率幅，在均勻疊加態中對想找出的狀態之機率幅加上負號（相位反轉與加負號同義）。這個判斷電路可說是對想找出的狀態加上標記。然後，第二段是增幅電路，只對先前加上標記的狀態之機率幅進行增幅。至於如何增幅，則是對輸入態的機率幅平均值附近進行反轉的操作。如此一來，只有相位被反轉（加上負號）的機率幅會與平均值的距離較遠，藉由對平均值附近的反轉來讓機率幅增幅。

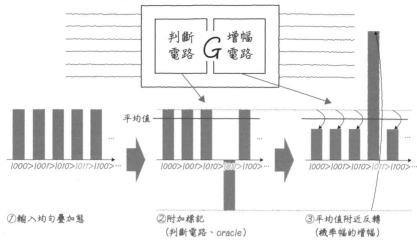

Grover 運算子（G 電路）的動作

判斷
電路　*G*　增幅
電路

平均值

|000⟩|001⟩|010⟩|011⟩|100⟩ ...

|000⟩|001⟩|010⟩|011⟩|100⟩ ...

|000⟩|001⟩|010⟩|011⟩|100⟩ ...

①輸入均勻疊加態

②附加標記
（判斷電路、*oracle*）

③平均值附近反轉
（機率幅的增幅）

圖 6.4　Grover 運算子（G 電路）的動作

　　一旦通過這樣的 G 電路，想找出的狀態之機率幅便能增幅，被測量的機率得以提高。但由於其他狀態的機率幅不算太低，僅通過一次無法保證能測量得出正確解答。因此，藉由多次通過這個 G 電路，進一步提高解答的機率幅。圖 6.5 示意了三個量子位元的八個狀態裡，求得 |011⟩ 狀態的解答時，以波的表現和機率幅來呈現 G 電路的樣子。由於候選解答有 N 個時，大概需要通過 G 電路$\sqrt{N}$ 次才能充分得到正確解答，因此這個演算法計算量的量級（order）[編注1] 為$\sqrt{N}$。Grover 演算法的計算量量級（以記號 O(*) 表示）為 O($\sqrt{N}$)，相較於進行完全搜尋（full search）的古典演算法 O(N)，$\sqrt{N}$ 倍高速化。此外，這也證明了這種演算法比古典演算法更高速的優勢。然而，這是從計算量判斷，以 Grover 運算子（這個副程式）的呼叫次數來評估，無法得知實際上計算時間是否有優勢。

編注1：表示一個演算法的執行次數或時間複雜度的名詞。

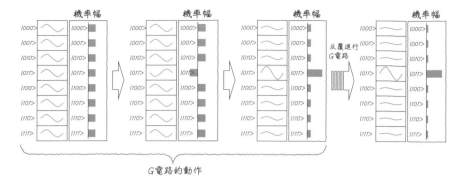

圖 6.5 G 電路波的表現和機率幅

# 6.3 ‖ Shor 演算法（秀爾演算法）

　　1994 年，美國計算機科學家秀爾提出 Shor 演算法，這是最早具有實用性的量子演算法。在此之前，關於量子電腦實用性的問題，沒有發現比古典電腦更高速的例子（Grover 演算法是印裔美籍計算機科學家格魯弗〔Lov Grover〕在 1996 年發現的），量子電腦似乎也尚未受到矚目。然而，隨著 Shor 演算法發表，吸引極大目光的量子電腦研究變得廣受矚目，因為這是一種加速質因數分解而撼動現代密碼系統基礎的演算法。

## 6.3.1 ‖ 概要

　　所謂質因數分解，是將某個正整數分解為質數的乘法形式。舉例來說，可將正整數「30」分解為「5×3×2」的形式。像這樣，所有的正整數，均能以唯一的質數組合來進行分解。

　　那麼，這樣的質因數分解有什麼用處呢？事實上，「巨大數字的質因數分解」特徵之一，就是即使用現在的電腦也很難解答這個問題。舉例來說，試著對「6265590688501」進行質因數分解吧。由於用筆算或計算機都很難處理這麼大的數字，來使用電腦吧。答案是「12978337×482773」。這裡的兩個整數「12978337」和「482773」都是質數。用計算機解這個問題時，「從 2 開始依序以質數進行除法」。如果能整除，便可知該數是想求得的質因數之一。但如此一來，由於 482773 是第 40227 個質數，需要進行 40227 次除法計算。儘管這個層級的計算用現在的電腦也能做到，但若是更大數字的質因數分解則計算量會不斷增加，很容易做出就算連續計算數年或數十年也無法求得質因數分解的問題。

　　另一方面，質因數分解還有一項性質是，一旦得出解答，很容易驗算（確認）答案是否正確。12978337×482773 ＝ 6265590688501 這個式子，用電腦只需要一次乘法運算就能確認，輕而易舉。與進行質因數分解相比，這個問題非常簡單。就像這樣，質因數分解和前述搜尋問題一樣，特徵是「解答困難但容易確認」。

質因數分解是解答困難但容易確認的問題

圖 6.6 質因數分解

　　具備這種特徵的問題稱為「單向函數」（one-way function），用於「密碼」（特別是公開金鑰密碼）。雖然對於不知道金鑰的人來說破解密碼很困難，但知道金鑰就很容易破解（解密），這是密碼的基礎。數學上滿足這個性質的是單向函數。事實上，RSA 密碼[編注2]便是使用基於質因數分解的單向函數，維護網際網路的安全。

　　雖然實務上使用這種質因數分解，但若用量子電腦就可能高速破解。如果真的出現這種情況，至今使用的密碼系統可能出現破綻，對社會造成巨大衝擊。事實上，現正積極開發量子電腦也無法破解的密碼形式（抗量子密碼〔quantum-resistant cryptography〕）。

　　那麼，如何用量子電腦進行質因數分解呢？實現這件事的是 **Shor 演算法**（圖 **6.7**）。藉由妥善組合量子閘成為質因數分解演算法量子計算的一部分，可以實現高速質因數分解。1994 年發現這項演算法之後，它成為開發量子電腦的強大驅動力之一。然而，要用 Shor 演算法來實現目前使用的密碼破解（如 2048 位元的 RSA 密碼等），容錯量子電腦不可或缺，據說需要一千萬至一億個量子位元。目前量子電腦尚在實現數十個量子位元的階段，以當前的情況來看仍是不切實際的。

編注2：1977年，美國密碼學家李維斯特（Ron Rivest）、以色列密碼學家薩莫爾（Adi Shamir）、美國計算機科學家阿德曼（Leonard Adleman）任職麻省理工學院時，共同提出RSA加密演算法，廣泛用於公開金鑰加密，RSA取自三位科學家的姓氏首字母。

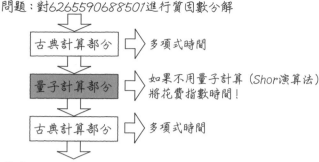

圖 6.7　Shor 演算法

## 6.3.2　計算方法

　　Shor 演算法能對大數字進行高速質因數分解。圖 **6.8** 示意了流程圖。只有正中央的**找出位數**這個部分是量子計算，使用量子電腦進行計算。對於找出位數，用古典電腦進行計算會是巨大的計算量，但量子電腦可以用打算質因數分解的數字之位元數（L）的 3 次方的量級來進行計算。由於演算法其他部分在古典電腦裡也能以 L 的 3 次方以下的量級進行計算，使用 Shor 演算法能讓質因數分解的量級為 L 的 3 次方。

　　這裡簡述圖 **6.8** 的流程。首先，對於想要進行質因數分解的數字 M，檢查它是否能以古典計算簡單地質因數分解（Step1）。之後，準備比 M 小的數字 x，和 M 一起輸入稱為「找出位數」的量子演算法（Step2）。找出位數演算法是應用量子逆傅立葉變換來找出隱藏週期的演算法，依此可找出稱為位數 r 的數字。接著，用準備好的數字 x 和位數 r，可以求得 M 的質因數 p（Step3）。gcd 意指最大公因數。在現代密碼系統裡，經常像這樣使用「隱藏週期性」。乍看似乎是隨機的亂數，其中卻隱藏著週期性，做為密碼之用。這樣的隱藏週期性用古典電腦很難找到，量子電腦卻能發現。應用量子逆傅立葉變換找出週期的演算法，正可發揮作用。

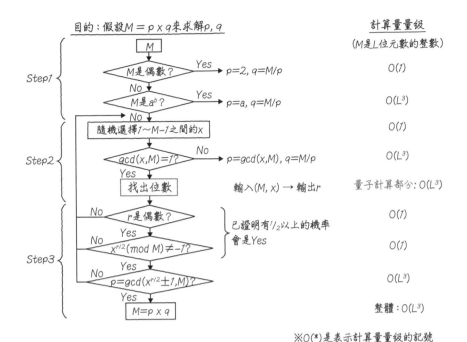

圖 6.8 計算方法流程圖

　　一般認為，與現今古典電腦最快的演算法相比，Shor 演算法能指數函數地高速計算。不過，尚未證明 Shor 演算法與古典電腦每一種演算法相較都呈指數函數高速。未來仍可能發現更有效率的古典質因數分解演算法。

# 6.4 ‖ 量子古典混合演算法

　　使用有雜訊的數十至數百個量子位元 NISQ 來開發有用的演算法，是目前量子電腦開發的當務之急。量子古典混合演算法是藉由併用非通用量子電腦與古典電腦，來處理只用古典電腦難以解決的問題的演算法，目前正積極研究這個課題。為了使用可能因為雜訊而導致計算結果錯誤的 NISQ 來進行有意義的計算，能以古典電腦進行的計算積極運用古典電腦，由此盡可能減少非得使用量子電腦執行的部分，抑制錯誤並實現有效率的計算，這樣的研究正持續推進。本節特別介紹用於量子化學計算、稱為 VQE 的演算法。

## 6.4.1　量子化學計算

　　具代表性的量子電腦應用領域，預期是模擬物質量子行為的量子化學計算。這也是費曼最早提倡量子電腦的動機。

　　量子化學計算是計算遵循量子力學物質的行為，若以古典電腦來進行，計算量龐大。舉例來說，汽車材料、醫藥品、電池等世界上各式各樣的材料，隨著研究開發而性能日新月異。以車子為例是輕量又強韌的材料，以醫藥品來說是有效治療疾病並少有副作用的成分，以電池而言是耐溫度變化且持久力強的材料，每天都在開發這些材料。對於這類開發，必須正確預測材料的微觀結構，也就是組成該材料的原子和分子的行為。目前是使用近似的模型以古典電腦來模擬，實際進行許多實驗開發新材料。但由於可以依據量子力學描述原子和分子的行為，如果透過量子力學來公式化 [編注3] 模擬材料，能比至今更有效率地進行材料開發。

---

編注3：指建立公式，系統化闡述問題。

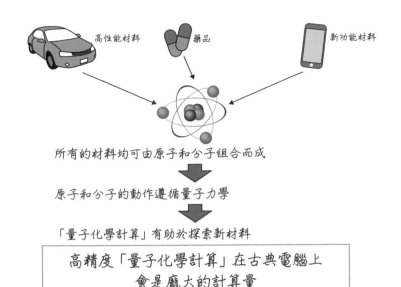

高性能材料　　藥品　　新功能材料

所有的材料均可由原子和分子組合而成

原子和分子的動作遵循量子力學

「量子化學計算」有助於探索新材料

高精度「量子化學計算」在古典電腦上
會是龐大的計算量

圖 6.9　量子化學計算

另一方面，實際用量子力學來公式化描述材料時，將會變得非常複雜。個中原因是，材料是由許多原子和分子組成，這些原子之間、分子之間，依據各自多樣的交互作用，互相影響並合成。儘管能根據量子力學來公式化，實際用古典電腦計算這些行為，將會需要龐大的計算時間。有些大型的國家級計畫之所以正開發超級電腦，就是為了解決這樣的問題。

這便是量子電腦派上用場的時候。既然量子電腦是根據量子力學來動作，可以預期「量子化學計算」的計算速度比古典電腦更快。而實際上，正積極研究相關進行方法（演算法）和實驗技術，以便模擬包含上述相互影響（進行交互作用）的眾多原子和分子的結構（量子多體系統〔quantum many-body system〕）。

量子化學計算現在深受矚目。因為這個領域的研究有益於社會，即使用小規模量子電腦也很可能實現。

## 6.4.2 VQE（變分量子特徵值求解演算法）

VQE（variational quantum eigensolver）是用於量子化學計算的量子古典混合演算法。VQE 譯為「變分量子特徵值求解演算法」，能計算量子化學計算裡的分子等的能量狀態。在 VQE 中，用古典電腦計算「試行波函數」，將該資訊以量子閘表現並傳送給量子電腦，藉由量子電腦進行的計算結果再次回到古典電腦，根據該結果來更新「試行波函數」，反覆進行這樣的處理。如此一來，能求出正確的波函數，預期能高速正確地求得分子的能量狀態。

像 VQE 這樣善用 NISQ 的量子古典混合演算法開發，未來會變得越來越重要。即使製作出 NISQ，沒有演算法使用它來貢獻社會，開發將難以為繼，也可能阻斷邁向通用量子電腦之路。因此，對社會有用的 NISQ 演算法的發展深受期待。

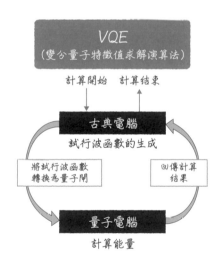

圖 6.10　VQE 示意

# 6.5 ‖ 量子電腦周邊的系統

創建實用的量子電腦之後，為了發揮量子計算的威力、使其容易使用，必須開發應用程式（這裡稱為量子應用程式）。本節介紹目前正在構思的一種架構範例，顯示包含這種量子應用程式在內的量子電腦系統整體概念。

圖 6.11 示意了量子電腦周邊整體系統的概念圖範例。首先，思考想求解的問題。這裡選擇了用古典電腦難以解決的計算量非常大的問題。比如說，想求解在古典電腦中，即使用超級電腦也難以解決的量子化學計算相關問題。為了解決這個問題，首先需要將問題公式化，變成可用電腦計算的形式。如果想解決的問題含糊不清，將無法進行求解，所以需要明確設定輸入是什麼、進行何種計算、想輸出哪種解答。這便是將問題公式化。若以量子化學計算為例，相當於將分子的能量公式化等。

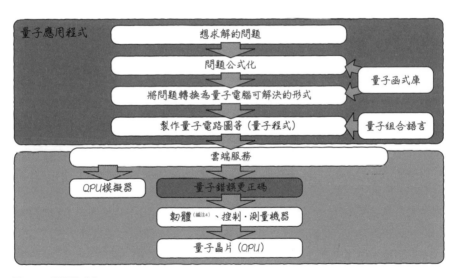

圖 6.11　問題公式化

---

編注4：firmware，嵌入在硬體裝置中的軟體，位於軟體與硬體之間，廣泛用於電子產品。

接下來，將公式化的問題轉換為量子電腦可解決的形式。量子電路模型與以往的電腦不同，使用量子位元和量子閘來進行計算。因此，需要將問題轉換為量子電腦可解決的形式。必須深入了解量子電腦的機制，在量子計算的框架內整理修正經公式化的問題。在這個階段，正持續開發各種公開原始碼（開源）的函式庫，包括把問題公式化。使用這些函式庫，將自己想解答的問題轉換為量子電腦可解決的形式。舉例來說，目前在量子化學計算方面，有稱為 OpenFermion 的開源函式庫。

接下來，從轉換為量子電腦可解決形式的問題，製作量子電路圖。這也稱為量子程式。在這個階段，已經開發了用以描述量子電路圖的量子組合語言，例如 IBM 的 OpenQASM 和 Rigetti 的 Quil 等。再者，由於通常手邊沒有量子電腦，經由雲端來存取實際的機器。在這裡，轉換為附加了量子錯誤更正碼（quantum error correcting code）的量子電路圖。所謂量子錯誤更正碼，是當量子電腦的計算過程中發生雜訊時，能據此更正錯誤並得以繼續進行計算的附加品。不過，目前尚未達到能在實際的機器上實現量子錯誤更正的階段，這只是描述未來實作量子錯誤更正的情況。

接著，為了實際操作量子電腦，控制量子晶片裡的量子處理單元（quantum processing unit, QPU）。善用許多控制裝置和測量裝置來操作 QPU，進行期望的計算。

舉例來說，使用超導電路的量子電路模型量子電腦，操作量子閘的方法包括將微波的脈衝傳送至以超導電路製作的 QPU 內的量子位元（圖 6.12）。逐步依「量子位元的初始化」、「量子閘操作」、「計算結果的讀出」等步驟執行計算。上述製作好的計算程式，亦即量子電路圖，便是描述量子閘的操作方法。這樣的閘操作，包括轉換為微波脈衝序列。這裡將決定在什麼時機以何種形狀的脈衝送進哪個量子位元。操作 QPU，從測量而得的計算結果中導出想求解的問題解答，便完成計算。不過，由於目前尚在研究階段的 QPU 很難使用，常以 QPU 模擬器替代。這是用古典電腦來近似地表現 QPU，儘管無法高速計算，但在驗證 QPU 的動作或以小規模問題搜尋應用程式時顯得很重要。以上是量子電腦系統的範例。是否已掌握實際的量子電腦概念呢？

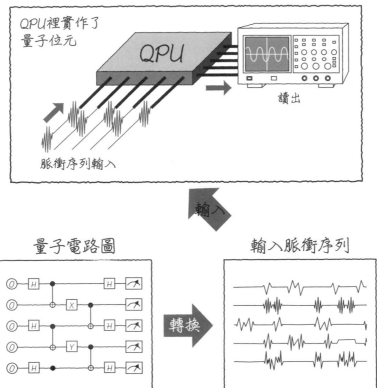

圖 6.12 量子電腦系統一例

## 量子電路模型以外的量子計算模型

除了本書中提到的量子電路模型，還有好幾種通用量子計算模型，已知這些計算模型在計算量上是等價的（相同的計算能力[*1]）。量子退火則是特例，與上述量子計算模型並不等價，但其相關的計算模型包括「絕熱量子計算」，與上述量子電路模型等為等價的通用量子計算模型。這裡概述各種量子計算模型。

### ● 量子圖靈機（quantum Turing machine）

英國物理學家多伊奇提出的量子電腦理論模型。用模型來展示抽象的虛擬機器，物理上的實現則採用如下接近實作的模型。古典電腦計算模型的圖靈機量子版。

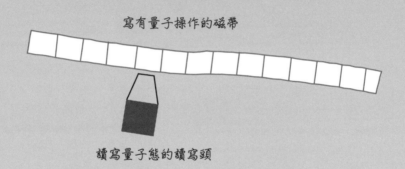

寫有量子操作的磁帶

讀寫量子態的讀寫頭

圖 6.13　量子圖靈機概念圖

### ● 量子電路模型（量子閘模型）

最知名的量子計算模型，本書已詳細解說。使用量子閘進行計算，這是對應於古典計算裡的邏輯閘。以超導電路等各種物理性來進行實驗。

---

[*1]：這裡所謂相同的計算能力，正確來說是指能在多項式時間內轉換。因此，具體的計算時間、容錯能力等可能有很大的差異。

### • 測量型量子計算（遙傳型量子計算）

積極使用測量來進行計算的計算模型。方法包括單向量子計算等，一開始預先準備有多個量子位元的大規模量子纏結態（集群〔cluster〕狀態），依序進行量子位元的測量來計算。這個方法是依據測量的方式來決定進行何種計算。目前正進行使用光的量子計算實驗。

### • 拓撲量子計算

稱為「辮群」（braid group）[編注5]的數學理論。這個理論是探討編織多個懸垂線的方式，可用以將量子計算模型化。藉由將稱為任意子（anyon）[編注6]量子性特殊粒子的軌跡對應於線條來實現量子電腦，一般認為這個方法抗雜訊能力強。Microsoft 正在研究藉由拓撲超導體來成功實現這種量子電腦。

### • 絕熱量子計算

物理學有一項定理是「絕熱定理」（adiabatic theorem）。這項定理是指對於一開始為基態的量子態，若使哈密頓算符（Hamiltonian）[編注7]緩慢地變化（絕熱變化），量子態會隨著一邊取得哈密頓算符的基態一邊遷移。運用這項量子力學一般定理來進行量子計算便是絕熱量子計算，由美國物理學家法希等人在 2001 年提出。這項定理與 1999 年日本物理學家西森等人提出的量子退火緊密相關。

---

編注5：紐結理論（knot theory）的一個概念，這項理論研究紐結的拓撲學特性。
編注6：只存在於二維空間的介於玻色子（boson，遵守玻色─愛因斯坦統計的粒子）和費米子（fermion，遵守費米─狄拉克統計的粒子）之間的全同粒子。
編注7：一個可觀測量，對應於系統總能量的算符，以H表示，得名自創立哈密頓力學的愛爾蘭物理學家哈密頓（William Rowan Hamilton）。

# 第 7 章

# 量子退火

量子退火是特化用於處理稱為組合最佳化問題的手法，使用專用機器非古典電腦「量子退火機」求解問題。而為了執行量子退火，需要將問題變換（映射）至稱為 Ising 的模型。本章依序說明 Ising 模型、組合最佳化問題基礎知識、模擬退火、量子退火，破解以量子退火進行高速化的機制。

# 7.1 ‖ Ising 模型（易辛模型）

Ising 模型是物理學分支之一統計力學中使用的量子系統單純模型。首先說明這項模型。

## 7.1.1 自旋與量子位元

相較於主流的量子電路模型，量子退火可說是旁支，研究歷史也比量子電路模型短，現正同時進行這方面的理論研究和實驗。量子退火與稱為**統計力學**的物理學密切相關。統計力學是以統計的方式處理許多粒子的行為，從微觀的物理法則推導出巨觀性質的學問。這個學門研究建構的理論，包括用簡化的模型說明大量原子聚集形成的氣體或固體之性質。這門學問以理論來探究對物質施加溫度或壓力時，物質會如何變化，施加磁場又會變得如何等。

其中一種模型稱為 Ising 模型，用以說明具磁鐵性質的物質（磁性體）的性質。這個模型非常簡單，只是將小磁鐵配置成網格狀。這些小磁鐵具有量子力學的性質，稱為**自旋**（spin）。Ising 模型是將磁性體視為量子性的小磁鐵自旋之集合體，進行模型化。這樣的自旋可以指向上或下。上下可想成是小磁鐵的 N 極方向。

自旋還具有量子性質，所以成為向上狀態與向下狀態的疊加態。如果將這種自旋的「向上」與「向下」兩個狀態對應至 $|0\rangle$ 與 $|1\rangle$，便能和量子位元一樣處理。換言之，Ising 模型的自旋可說是量子位元（圖 7.1）。

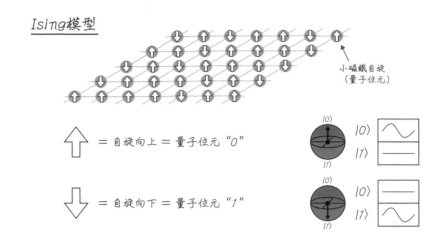

*Ising模型*

= 自旋向上 = 量子位元 "0"

= 自旋向下 = 量子位元 "1"

小磁鐵自旋
（量子位元）

圖 7.1　Ising 模型

## 7.1.2　Ising 模型裡的交互作用

　　在 Ising 模型裡，考慮排列成網格狀的各個自旋之間相互影響的效應。舉例來說，在二維的 Ising 模型（**圖 7.1**）中，棋盤狀排列著自旋，一個自旋與相鄰的四個自旋連結。而這些自旋會相互造成影響，稱為**交互作用**（interaction）。為每一種連結設定一個交互作用，依正負數字（實數）而定。

　　舉例來說，交互作用為正值時，持有這個交互作用的連結所結合的兩個自旋將指向相同方向。當對方向上則自己也想向上，對方向下則自己也想向下。如此一來會是穩定的狀態。反之，當對方向上而自己卻向下則是不穩定的狀態，一旦有機會便會「突然地」轉向上而變得穩定。此外，當交互作用為負值時，同向為不穩定，傾向朝反向。

　　交互作用為正也稱為**強磁性**（ferromagnetism），為負也稱為**反強磁性**（antiferromagnetism）。此外，最穩定的狀態稱為**基態**（ground state）。如果不考慮 Ising 模型的自旋，它會自然地想移至穩定的狀態，也就是有傾向變為基態的性質（**圖 7.2**）。

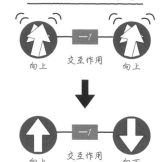

圖 7.2　Ising 模型的交互作用

### 7.1.3　不穩定的狀態：阻挫

　　圖 7.2 只取出兩個自旋來說明，但在實際的二維 Ising 模型裡，有時有上下左右四個自旋連結。這裡只取出四個自旋來思考吧。四個自旋如圖 7.3 所示連結時，當兩個交互作用為正、其他兩個交互作用為負，由於向上與向下各兩個，所有自旋都能成為穩定狀態。另一方面，若是三個交互作用為正、一個為負，所有自旋無論如何也無法成為穩定狀態。無論是哪一種組態，都必定會出現不穩定的自旋。

　　像這樣，無論哪種自旋組態都會出現不穩定自旋的現象，稱為「有阻挫」。阻挫的英文 frustration 也能譯為「挫折、沮喪」，表示存在著想達成穩定狀態卻做不到的受挫狀態的自旋。

7

量子退火

147

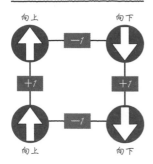
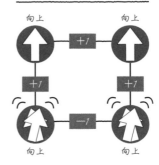

圖 7.3　阻挫

## 7.1.4　Ising 模型的能量

　　試著思考在 Ising 模型裡，以指標定量地表現自旋的穩定狀態吧。這可以用**能量**來表現。不穩定的狀態對應至能量較高的狀態，穩定的狀態對應至能量較低的狀態。這裡將所有自旋的能量總和，定義為該 Ising 模型的**整體能量**。不穩定狀態的自旋越多，整體能量上升。而若穩定的自旋多，能量值會較小，整體能量最低的狀態稱為**基態**。在沒有阻挫的 Ising 模型的基態中，所有自旋都會是穩定的狀態。另一方面，若有阻挫，無論如何都會存在不穩定的自旋。此時由於仍是整體能量最小時的自旋組態，因此也是基態。

　　此外，這個整體能量與溫度有關。如果讓磁性體的溫度上升，能量可變得更高。這是因為各個自旋依據熱波動隨機改變方向，成為不穩定狀態。而讓溫度下降可變為穩定狀態。這個現象與後述的模擬退火（simulated annealing）相關。

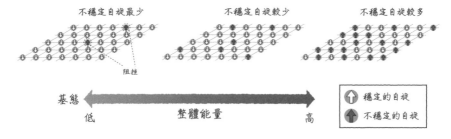

圖 7.4　Ising 模型的整體能量

## 7.1.5　找出 Ising 模型基態的問題

　　來思考設定某交互作用的組合，在此交互作用下讓能量（所有自旋的能量總和）最低的自旋組態，亦即「找出基態的自旋組態」問題吧。也就是說，這個問題是給定該交互作用的組合，找出其中最穩定狀態的自旋組態（**圖 7.5**）。一般而言，這類問題難度很高，若要在古典電腦上求得基態，已知需要龐大的計算量。在計算量的等級上，滿足某個條件時將成為 NP 完全問題。

　　那麼，這裡出現兩個疑問。求解這樣的問題有什麼樣的意義呢？其次，能否用量子電腦高速求解這類問題？下一節將解答這些疑問。

*求解問題範例*

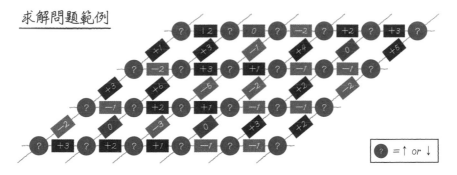

圖 7.5　求解問題範例

# 7.2 ‖ 組合最佳化問題與量子退火

至此已說明了 Ising 模型。本節來看看 Ising 模型如何派上用場。

## 7.2.1　什麼是組合最佳化問題？

前述求解 Ising 模型基態的問題，其實是稱為「組合最佳化問題」的一種。所謂組合最佳化問題，是指「在各種限制條件下有限的選擇當中，從某些角度來決定出最佳的選擇」[1]。例如下面的問題：

店鋪排班最佳化……盡可能依照店鋪各工作人員的期望來安排班表的問題
工作排程……………由多人執行多種工作程序時求解最佳排程的問題
物流路徑最佳化……在降低成本或縮短移動距離等各種限制條件下找出最佳路徑的問題
交通壅塞紓解………紓解交通壅塞的交通量最佳化問題
集群問題……………將用於機器學習的各種資料以資料的特徵相似度進行分類的問題

可看出每一項都與生活周遭的問題直接相關。如果可以把這些問題妥善地公式化，就能視為組合最佳化問題處理。

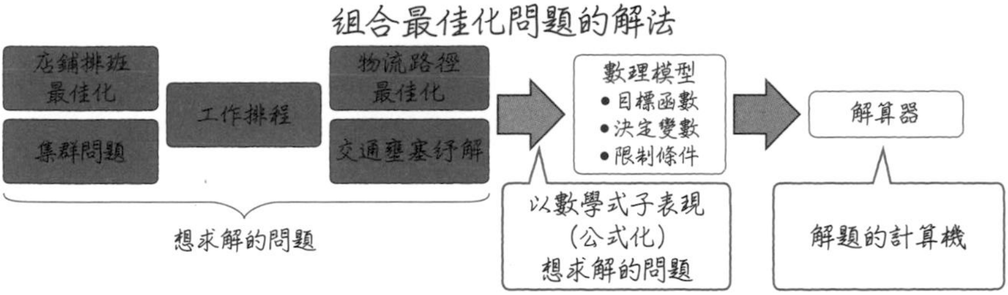

圖 7.6　組合最佳化問題範例

---

*1：參見：穴井宏和、斉藤努，今日から使える!組合せ最適化：離散問題ガイドブック，講談社，2015，頁4圖1。

這類問題的一般求解手法如圖 7.6 所示，各自以數學式子表現想求解的問題，製作「數理模型」。接著，用計算機（解算器）求解這個數理模型。這便是組合最佳化問題的一般處理方式。

## 7.2.2 用於組合最佳化的 Ising 模型

求解 Ising 模型的基態，對於解答世界上的問題有何幫助？接下來解答這個疑問。事實上，世界上可分類為如上述組合最佳化問題的，大多能以求解 Ising 模型基態的問題來表現（將某問題映射〔變換〕至 Ising 模型有時需要不少計算時間）。因此，如果有電腦能高速求解 Ising 模型的基態，便可快速解答上述問題，也就可能解決世界上許多問題。量子退火可望比後述的既有模擬退火手法更快解答問題（圖 7.7）。

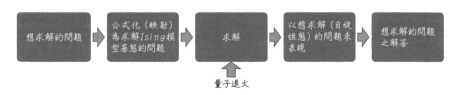

圖 7.7　組合最佳化問題的嶄新計算手法

## 7.2.3 組合最佳化問題的框架

這裡說明一般組合最佳化問題的解法吧。將世界上各式各樣的問題，用數學式子來描述並解決的方法，稱為**數理最佳化**（mathematical optimization）。在數理最佳化中，將問題以「目標函數」、「決定變數」、「限制條件」三者的關係式來表現，進行公式化。其中目標函數是表現想要最小化（或最大化）如成本、作業時間等的函數，決定變數是目標函數裡用到的變數，限制條件是指決定變數必須滿足的條件式。求解在滿足限制條件下，讓目標函數得以最小（或最大）的決定變數之組合，便是數理最佳化。

對於求解 Ising 基態的問題，如果進行公式化，整體能量對應為目標函數、決定變數為自旋組態、限制條件為交互作用（與局部磁場[*2]）（圖 7.8）。

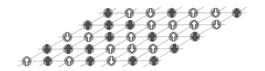

以Ising模型為例

目標函數：整體能量
決定變數：自旋組態
限制條件：交互作用、局部磁場

圖 7.8　以 Ising 模型為例

　　數理最佳化依據決定變數分為**連續最佳化**（continuous optimization，決定變數為連續值）與**組合最佳化**（combinational optimization，決定變數為離散值）。這裡討論組合最佳化。組合最佳化問題形形色色，但可以將類似的問題統整分類為具代表性的「標準型問題」。標準型問題包括網絡相關問題、排程相關問題等，一般會將重要的問題分組。通常會考慮想求解的組合最佳化問題接近哪一種標準型問題，參考那個相近的標準型問題的公式化方法或常用解法來思考。各種標準型問題的解法已經過長時間研究，有慣用的解法和演算法（**圖 7.9**）[3]。

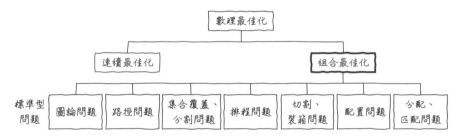

圖 7.9　慣用的演算法

＊2：實際上，不僅是自旋之間的交互作用，對於各個自旋作用的局部磁場也會做為限制條件。
＊3：參見：穴井宏和、斉藤努，今日から使える!組合せ最適化：離散問題ガイドブック，講談社，2015，頁41圖 2.2。

153

## 7.2.4 組合最佳化問題的解法

上述標準型問題的解法已經過長時間研究。求嚴密的最佳解之泛用演算法（嚴密解〔rigorous solution〕）、求近似解的泛用演算法（近似解〔approximate solution〕），還有專門高效求解各種問題的專用演算法，根據各種問題和狀況分別使用。其中近似解是可在實際可行的計算時間內找出最佳近似解的演算法，儘管並非嚴密的最佳解。組合最佳化問題的解法中也有各式各樣這種近似解，其中一類稱為萬用啟發式演算法（metaheuristics，亦名元啟發式演算法），而當中包括名為**模擬退火**的手法。

萬用啟發式演算法有模仿遺傳演算法等生物機制的近似解，對於單純計算無法求得高精度解的困難問題，亦能求得高精度解。模擬退火也是近似解的一種，模仿液態鐵凝固為固體的過程（退火）來求解問題，為廣泛使用的萬用啟發式演算法（**圖 7.10**）。模擬退火是使用古典電腦的近似解，它的量子版便是量子退火。這些方法也能用於求解上述 Ising 模型基態的問題。

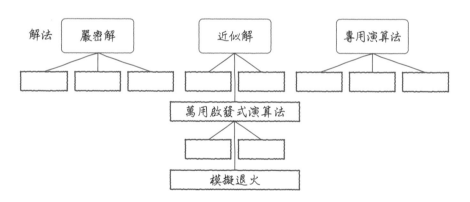

圖 7.10　組合最佳化問題解法分類

154

# 7.3 模擬退火

做為量子退火的前一階段，本節說明已經廣泛用於求解組合最佳化問題的模擬退火。模擬退火是在古典電腦實作的演算法，能以一般的電腦進行計算。此外，也將說明稱為能量景觀（energy landscape）的概念，這是量子退火得以高速進行的關鍵。

## 7.3.1 Ising 模型基態的搜尋

關於求解 Ising 模型基態的問題，沒有已知高效率的嚴密解或有效的專用演算法，而是以近似解來求解。其中特別廣為使用的方法是模擬退火。

首先，在電腦上實現 Ising 模型。以此進行計算，可以計算出 Ising 模型的整體能量。這個能量越低，越接近基態，也就是想求得的解答。一開始準備上下隨機的自旋組態做為初始狀態，試著計算整體能量。能量可藉由預先設定的交互作用之值，以及各個自旋所指的方向來計算（圖 7.11）。

接著，隨機選擇 Ising 模型的一個自旋，試著進行反轉。反轉之後，重新計算整體能量，觀察反轉前後的能量哪一個比較低。如果反轉後的能量較低，維持反轉之後的狀態；如果反轉之前的能量較低，則回復原本的狀態。可以想像反覆進行這樣的步驟，終會找到能量最低的狀態，求得基態的自旋組態。然而，實際上並非如此順利，因為可能落入稱為**區域最佳解**（local optimum，區域最小值〔local minimum〕）的近似解。

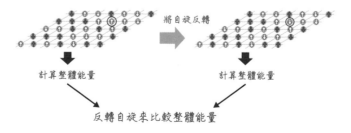

圖 7.11　計算整體能量

這裡介紹稱為**能量景觀**的思考方式。所謂能量景觀，以這個問題來說，是橫軸為 Ising 模型自旋組態、縱軸為整體能量的圖形。由於對一個自旋組態便需要計算一次整體能量，如果要繪出能量景觀，必須對所有的自旋組態計算整體能量。N 個自旋的組態有 $2^N$ 個，隨著 N 變大將無法計算所有組態的能量，難以描繪整體能量景觀。但為了便於直覺地理解問題的結構，用這樣的圖形來說明。

能量景觀裡最低的位置便是基態。在模擬退火中，由於逐一反轉自旋，對應於能量景觀上橫向逐步偏移的微小區間。試著從目前的位置稍微移動一些，求得該點的整體能量（亦即高度），看看比先前的位置高或低。如果較高，如同登山，不應該繼續前進；如果較低，意指下山，可能會接近基態。以這樣的方式逐一反轉自旋來沿著能量景觀前進，如果能到達**最低的位置（基態）**，表示解決了問題（亦即找出基態的自旋組態）。

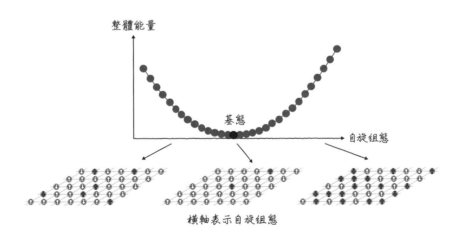

圖 7.12　能量景觀

### 7.3.3 梯度下降法與區域最小值

如下圖所示，如果能量景觀是結構單純的問題，只要不斷往下便能到達基態，只需在能量變小時將自旋反轉，即能解決問題。這樣的方法稱為**梯度下降法**（gradient descent）。但如果能量景觀結構複雜，無法採用這種方式，因為會落入區域最佳解（區域最小值）。

區域最小值是使用梯度下降法這樣簡化的方法求解組合最佳化問題時落入的解，當上述的演算法收斂，無論反轉哪一個自旋都無法求得更低能量的自旋組態。在這種狀態下，儘管反轉哪一個自旋都無法讓能量降低，但如果同時反轉兩個，就可能讓能量更低。因為它在能量景觀山谷的位置，無論往哪個方向都無法讓能量更低。

如此一來，即便認為逐一反轉找到的是最佳解，實際上經常可能有更好的解答。在這種狀態下，搜尋的視野過於狹窄，無法獲得正確的解答，滿足於錯誤的答案。我們必須找到的是能量更低的全域最佳解（global optimum，全域最小值〔global minimum〕）。

在嘗試解決問題的階段，由於無法得知能量景觀的整體結構，事先不了解它的結構是複雜還是單純，很難判斷目前的解答是落入區域最小值或者是全域最小值（圖 7.13）。因此，必須採用不容易落入區域最小值的手法。

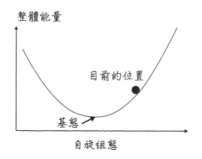

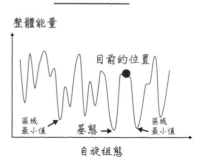

圖 7.13　無法得知能量景觀的整體結構

## 7.3.4 模擬退火

如上所述,為了解決落入區域最小值問題所開發的便是模擬退火。在模擬退火中,自旋反轉之後,即使能量不會較低,而是反轉之前能量較低,還是有一定的機率「接受」該反轉,不時違反規則進行。如此一來,即便落入區域最小值,也能從當中跳脫出來。不僅是下降至山谷,也變得能登山了。

此外,一開始將「能量變高的自旋反轉之接受機率」設定得較高,然後逐漸降低。也就是說,即使剛開始能量無法變低,仍積極反轉自旋來變化狀態,再慢慢變成只接受能量變低的自旋反轉。如此一來,已知有較高的機率到達全域最小值或接近該值的區域最小值(精度較高的近似解)。在這裡,「能量變高的自旋反轉之接受機率」對應於溫度較高的狀態。因此,模擬退火可說是慢慢降低溫度的演算法。這個詞得名自仿效「退火」的手法,退火是讓金屬的溫度慢慢下降、使結晶成長並減少缺陷的作業。

模擬退火是簡單的演算法,能應用在各式各樣的問題,所以廣泛用於求解最佳化問題。然而,由於必須讓自旋依序逐一反轉並逐次計算能量,當問題的規模較大或較複雜時,計算量會變得龐大。

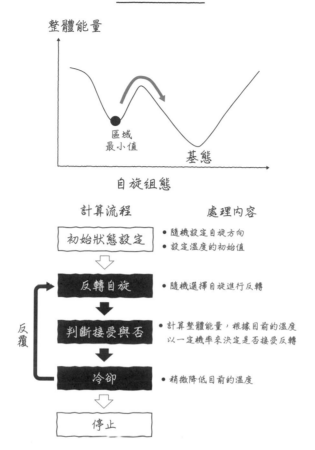

圖 7.14　模擬退火

　　圖 **7.14** 示意了模擬退火的概念和計算流程。藉由反覆進行自旋的反轉、判斷接受與否、冷卻,逐步進行退火。由於是簡單的演算法,能應用在各式各樣的問題,廣泛用於不同領域。

# 7.4 ‖ 量子退火

那麼，量子退火究竟是什麼呢？藉由截至目前說明的知識來了解這項手法的機制吧。

## 7.4.1　量子退火的定位

量子退火是被期待能高速求得 Ising 模型基態（或接近的近似解）的計算手法，旨在利用量子性高速計算。因此，為了執行量子退火，需要能處理量子性的硬體。為了執行量子退火而製作的機器稱為**量子退火機**。

相較於泛用性高、稱為通用量子計算的量子電路模型，量子退火的定位是特化用於組合最佳化問題等的專用機器。這裡需要注意的一點是，D-Wave Systems 的量子退火機仍在研究階段，沒有證據顯示它有比古典計算更快的優勢。換言之，量子退火機歸類為 1.1.5 的非古典電腦。究竟是否真的能高速計算，如何改良才能實現稱為「量子計算」的計算，正在理論與實驗兩方面進行研究。

圖 7.15　D-Wave Systems 的量子退火機

來說明量子退火的基本操作吧。做為研究目標的組合最佳化問題，旨在從各式各樣的組合當中求得最佳的一個組合。在量子退火裡，將候選解答的組合逐一以量子位元的狀態來表現。換言之，視為從 "000000…0" 到 "111111…1" 當中找出最好的一個解答。量子退火機實現了多個量子位元。首先，將所有的量子位元設為 "0" 與 "1" 的均勻疊加態。這是將量子退火初始化。透過對所有的量子位元進行與前述量子電路模型 H 閘操作相同的處理，實現這樣的狀態。這項操作在量子退火裡稱為外加「橫向磁場」（transverse magnetic field）或給予「量子漲落」（quantum fluctuation）。如此一來，可以實現量子位元為從 "000000…0" 到 "111111…1" 的所有狀態之疊加態，讓所有的候選解答同時實現。

在模擬退火裡，隨機準備一個狀態，從該狀態開始搜尋。雖然可從所有候選解答的狀態裡選擇，但選中的狀態只有一個，根據最初選中的狀態，獲得正確解答的機率（解答的精度）也會改變。另一方面，量子退火裡在量子上可實現所有候選解答的狀態，不同於模擬退火的情況。因此，不會因最初選中的狀態而造成解答的精度不同。

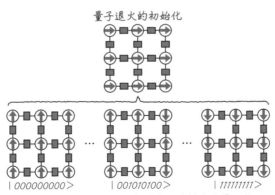

藉由外加橫向磁場，生成所有候選解答的疊加態

圖 7.16　量子退火的初始化

### 7.4.3　量子退火的計算方法 2：退火操作

　　完成初始化之後，從實現了所有候選解答的疊加態開始搜尋解答。解答的搜尋是以減弱量子漲落來實現。減弱量子漲落的同時，Ising 模型的交互作用強度逐漸增強。如此一來，交互作用的影響逐漸顯現，量子位元的狀態會因交互作用的影響，整體變得穩定，決定為 “0” 或 “1” 的狀態。這個過程是量子退火的計算，稱為**退火操作**。

　　對於想求解的問題，轉換為求得 Ising 模型基態的問題，映射至交互作用的值。最後當量子漲落變得非常微弱，量子位元會變成如古典位元，亦即決定為 0 或 1 的狀態。這可說是處於與量子電路模型裡測量後相同的狀態。進行了這種操作的量子位元最終狀態的組合，對應至量子退火的計算結果（圖 7.17）。這個最終狀態的組合，顯示了經過足夠長時間的退火操作，可達到基態。不過，耗時太長會花費過多計算時間，所以用一定的速度執行退火操作。儘管如此，實驗逐漸顯示這種操作能達到接近基態（嚴密解）的近似解。

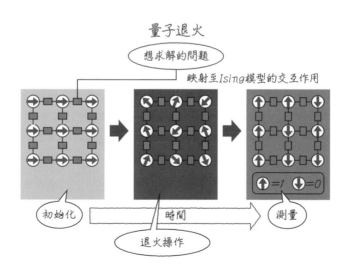

圖 7.17　量子退火的計算

量子退火是否比古典計算更高速,這是攸關量子退火存在意義的重要問題,但目前尚不清楚答案。在古典計算領域,正積極研究比較量子退火手法與同樣使用退火手法的模擬退火,或是用古典電腦模擬量子退火手法之一的量子蒙地卡羅法(quantum Monte Carlo method)。

量子退火與模擬退火的對比說明較為直觀易懂,因此這裡進行解說。量子退火在能量景觀上,藉由以量子穿隧效應(quantum tunnelling effect)<sup>(編注1)</sup>來突破穿越能量障壁(energy barrier),得以跳脫區域最小值。

在模擬退火中,落入區域最小值時,為了跳脫該處而朝向全域最小值,必須攀登能量障壁,因此利用熱波動。具體而言,如前所述,以一定的機率接受往能量較高方向的自旋反轉來實現。在模擬退火中,像這樣接受往能量較高方向之自旋反轉的機率,隨著計算的進行逐漸降低。因此,計算後半落入區域最小值時,越來越難突破障壁。

另一方面,在量子退火中,落入區域最小值時,如前所述,為了從當中跳脫,可以藉由量子穿隧效應來突破穿越。當能量障壁薄時可能達成,藉此達到全域最小值。這是量子退火受期待可以比古典計算更高速解決問題的原因之一。如果這個說法正確,當能量障壁高又薄時,量子退火將會很有用,這種手法便適合解決這樣以能量景觀來實現的問題。

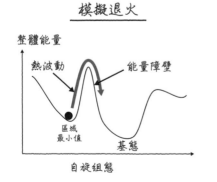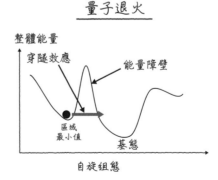

圖 7.18　突破能量障壁

---

編注1:一種量子行為,如電子等微觀粒子能夠穿入或穿越位勢壘(位勢障壁)的現象。

## 7.4.5　量子退火快了 1 億倍？

　　2015 年引爆量子退火話題的 Google 論文[*4]，發表了相對於以單核古典電腦進行的模擬退火，D-Wave Systems 的量子退火機（D-Wave 機器）對於某個特殊的組合最佳化問題，「解答快了 1 億倍」。該篇論文的內容，主旨正是實際驗證量子退火裡的量子穿隧效應（圖 7.19）。

　　該篇論文特意設定了容易發生量子穿隧效應的問題，也就是在能量景觀上有許多既高又薄的障壁的問題，進行比較。關於這個問題的設定，在模擬退火裡，障壁高而難以跳脫區域最小值，但由於障壁薄，預期量子退火能藉由穿隧效應突破區域最小值，應該能接近全域最小值，以此進行了實驗。這篇論文的內容，以實驗的方式顯示了相較於模擬退火，量子退火的解答最快會快上 1 億倍。

　　因此，所謂快了 1 億倍，是對於像這樣能發揮量子退火性能的特殊問題而言，並非指實務上有用的問題。當時甚至尚未有實驗驗證是否存在量子退火比模擬退火更有利的問題。因此，這項實驗結果的發表，讓社會大眾認識了量子退火。

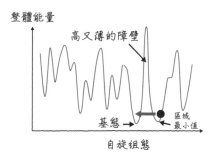

### 顯示快了1億倍的論文所使用的問題示意

圖 7.19　顯示快了 1 億倍的論文所使用的問題示意

＊4：Denchev, Vasil S et al. "What is the computational value of finite-range tunneling?". Physical Review X 6.3, 2016(031015).

截至 **7.4.4** 為止,說明了量子退火的理論。換言之,描述的是實現了理想量子退火機的狀況。實際上量子退火機多接近這項理論,對於了解量子退火現在具有何種程度的性能很重要。

開發量子退火機的相關組織不只是 D-Wave Systems。美國情報高等研究計劃署(IARPA)和 Google 都獨自進行開發,日本的產業技術綜合研究所(產總研)和 NEC 也宣布正在開發。

實際上,開發量子退火機時出現許多限制。這裡特別列舉 D-Wave 機器所指出的問題。

(1) 相干時間比退火時間短

用於 D-Wave 機器的量子位元,採用比較容易集積、稱為磁通量量子位元的方式。這個方式目前相干時間較短,是需要解決的問題。但也有報告指出,在量子退火機裡,即使相干時間比計算時間短,仍能輸出不錯的近似解,這部分目前仍在研究階段。

(2) 在實際商業應用上量子位元集積密度太低

D-Wave 機器目前是 2000 量子位元,據說次世代機器會是 5000 量子位元左右。儘管如此,要實際進行商業應用,這樣的量子位元數仍然太少,為了解決大規模的問題,必須將想求解的問題切割為較小的問題來交給 D-Wave 機器。進一步讓量子位元集積化,對今後的實際商業應用很重要,而隨著量子位元數增加,需要考量抗雜訊能力降低等問題。

(3) 由於有限溫度(finite temperature)的影響而發生來自基態的熱激發

由於 D-Wave 機器是以超導電路實現,必須對進行計算的量子晶片以極低溫冷卻。然而,實際上會殘留一些熱,這會導致錯誤發生。此外,隨著量子位元數增加,需要更強的冷卻力,冷卻技術的開發,以及對熱雜訊的錯誤更正方法、抗雜訊能力更強的退火演算法開發等,都是必須解決的問題。

（4）受限的交互作用

當量子位元的結合越密，可以計算的問題自由度就越廣。目前的 D-Wave 機器（D-Wave 2000Q）是稱為奇美拉圖（Chimera graph）[編注2]的鬆散結合系統。因此，為了將想求解的問題置入這個硬體裡，需要進行轉換。隨著結合數量增加，能處理更大規模問題的同時，也需要考量與抗雜訊能力的平衡問題。

一般認為，藉由解決這些課題，量子退火機可以進一步實現理想的量子退火（圖 7.20）。然而，理論上是否真的能發揮超越古典電腦的性能，仍是未知數。隨著實際機器的開發，理論層面的強化也正在進行。

圖 7.20　量子退火機的課題

編注2：Chimera又譯為喀邁拉，希臘神話中上半身像獅子、中間像山羊、下半身像毒蛇的噴火怪物，泛指異種生物部位混合的幻想生物。

# 量子退火機以外的退火機

除了量子退火機之外,也在開發其他方式的退火機,介紹如下。

## ● 相干 Ising 機器

相干 Ising 機器是日本內閣府主導的計畫 ImPACT 所開發的機器。這可以想成是使用光的退火機,特徵是在室溫下操作、具有全結合。一個個在光纖迴圈裡不斷旋轉的光脈衝表現著自旋,以測量器和 FPGA(場域可程式閘陣列)、回饋脈衝來實現交互作用(圖 7.21)。

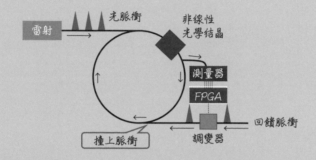

圖 7.21 相干 Ising 機器

## ● 非范紐曼型古典退火機

使用非范紐曼型古典電腦的模擬退火正在進行實作。舉例來說,日立製作所正開發稱為 CMOS 退火機的古典退火機。此外,富士通正開發稱為數位退火機的古典退火機。兩者都是設計為使用 CMOS(complementary metal-oxide-semiconductor,互補式金屬氧化物半導體)技術的退火專用機器,能高速進行模擬退火的計算。另一方面,東芝進行的研究是使用 GPU、稱為模擬分歧演算法的獨特演算法,來高速解答組合最佳化問題。

參考資料：

- 用於組合最佳化問題的 CMOS 退火機

  https://www.jstage.jst.go.jp/article/essfr/11/3/11_164/_pdf/-char/ja

- 數位退火機簡介

  https://www.fujitsu.com/jp/documents/digitalannealer/services/da-shoukai.pdf

- 實現世界上最快和最大規模組合最佳化的劃時代演算法開發

  https://www.toshiba.co.jp/rdc/detail/1904_01.htm

7

量子退火

# 第 8 章

# 量子位元的製作方法

量子電腦的硬體，需要保持量子力學的性質（量子性），運用容易控制的物理現象，以物理的方式實作量子位元，並且進一步不破壞量子性地控制量子位元的狀態。以古典電腦的 CPU 為例，雖然目前只使用半導體的「電晶體」，但在電腦的黎明期使用了「繼電器」、「真空管」、「變抗管」等元件製作計算機。現在正是量子電腦的黎明期，量子電腦的硬體製作方式也有各式各樣的研究開發。本章介紹現正進行研究的六種代表性做法。

# 8.1 ‖ 量子電腦的性能指標

　　首先來看看量子電腦的性能指標吧。現在量子電腦的性能實現到何種程度（規格）呢？古典電腦的規格指標是記憶體容量，以及 CPU 的核心數、時脈頻率（clock rate）[編注1] 等。另一方面，量子電腦使用的規格指標如下：

- 量子位元數
- 量子位元的相干時間
- 量子操作所需的時間
- 量子操作、測量操作時的錯誤率
- 量子位元的結合數

**8**

量子位元的製作方法

　　其中最容易了解的應該是以物理方式實作的量子位元數吧。量子位元數多就可以進行大規模計算。然而，只有量子位元數多，不能稱為高性能。量子位元具有量子性的時間，亦即相干時間（量子位元的壽命），必須夠長到足以進行量子操作。再者，操作量子位元時的錯誤率必須非常低。比較量子電腦的重點是了解這樣的多個性能指標。下面介紹實現量子電腦硬體裡最重要部分量子位元的方法。

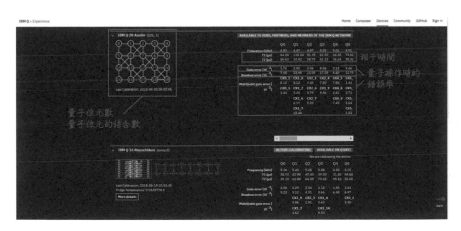

圖 8.1　顯示 IBM-Q 規格的網站（https://quantum-computing.ibm.com）

---

編注1：同步電路中時鐘的基礎頻率，以「每秒時鐘週期」（clock cycles per second）來度量。

# 8.2 ║ 量子位元的實現方式

實際上如何實現量子位元呢？大家應該都知道古典電腦是基於電子電路來動作。藉由以矽做成的半導體，製作稱為電晶體的極小開關動作元件，讓它和金屬配線組合，實現邏輯閘。接著，將它們集積起來，成為古典電腦。另一方面，製作量子電腦並非易事，因為需要量子位元並進行量子操作（圖 8.2）。

如果是古典位元，由於只需讓電壓的高壓狀態與低壓狀態對應至 "0" 與 "1" 即可，用一般的電子電路就能實現。邏輯閘也能組合半導體做成的電晶體來製作。比如說，讓電子電路內部的電壓 0V 設定為 "0" 狀態、5V 設定為 "1" 狀態便能做出位元，以電晶體控制電壓就能實現邏輯閘。事實上，我們就是這樣製作出電腦。

而關於量子位元，請回想一下，它具有波（機率幅與相位）的性質。量子位元的波性質是基於量子力學的性質。因此，必須用量子力學的現象製作量子位元，無法以其他方法擬似地製作。換個說法，即使用量子力學現象以外的方法擬似地製作出量子位元，也無法有效率地進行量子計算，不能稱為量子電腦。

量子電腦是利用量子力學現象製作

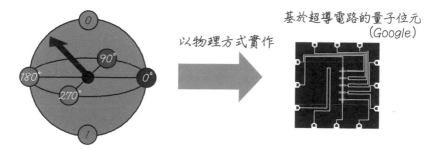

圖 8.2　量子電腦是利用量子力學現象製作

藉由量子力學的狀態（量子態）製作量子位元，控制這個量子態，實現量子操作。由於量子態非常容易損壞，必須控制使其不致受損。具代表性的量子位元實現方式、概述和開發公司，如表 8.1 所示。

表 8.1　具代表性的實現方式

| 實現方式 | 概述 | 代表公司 |
|---|---|---|
| **超導電路** | 以用稀釋冷凍機冷卻至 $10^{-2}$K 程度的極低溫超導態電子電路實現量子位元。電子電路內使用約瑟芬元件（Josephson device）。以微波脈衝等進行量子閘操作。 | Google、IBM、Intel、Rigetti、Alibaba、D-Wave |
| **捕獲離子／冷卻原子** | 以離子阱（ion trap）和用雷射冷卻的成列排列離子實現量子位元（捕獲離子）。以照射雷射光進行量子閘操作。此外，以磁場和雷射冷卻捕獲中性原子實現量子位元（冷卻原子）。 | IonQ |
| **半導體量子點** | 使用半導體奈米結構的量子點來局限電子實現量子位元。可以應用半導體集積技術。 | Intel |
| **鑽石 NV 中心** | 利用鑽石中氮空位（NV）缺陷的電子自旋和核自旋。優點是可以在常溫下動作。 | |
| **光學量子計算** | 以非古典的光實現量子計算。正研究使用連續量和單光子的方式。還使用測量型量子計算。 | XANADU |
| **拓撲** | 以拓撲超導體實現馬約拉納粒子（Majorana particle）[編注2]。實現抗雜訊能力強的量子位元。以辮群進行量子計算。 | Microsoft |

　　要實現大量的量子位元和量子閘，即使以現在的技術水準來說也非常困難，目前全世界都在積極研究開發。舉例來說，可用冷卻至數 mK（絕對零度為 0K、-273.15°C，1mK 是從絕對零度只上升 0.001°C的狀態）這樣極低溫的冷卻超導電子電路來實現量子位元。此外，將原子離子化進行捕獲，也能讓每一個離子做為量子位元使用。其他還有各式各樣的實現方式。上表公司欄未列出公司名稱的方法，世界各地的大學等研究機構也在研發。使用超導電路和捕獲離子技術的量子電腦現在看來前景可期，眾多研究機構致力研發，其他方法也可能成為標準，各式各樣的方法仍在研究階段。

---

編注2：義大利物理學家馬約拉納（Ettore Majorana）在1937年預測有一種費米子，它的反粒子就是它本身，不含電荷。

# 8.3 ∥ 超導電路

目前受到矚目「是否會成為量子電腦主流？」的量子位元實現方式，是 IBM、Google 等大企業也在開發的使用超導電路的方式。

## 8.3.1 以超導電路實現量子位元

某種金屬冷卻至極低溫時，會成為電阻為 0 的超導態。超導態是只能以量子力學解釋的現象，以該狀態的金屬製作的電子電路（超導電路）顯示明顯的量子性，可藉此實現量子位元。所謂明顯的量子性，意指能實現在測量之前持有波的性質之疊加態。藉由超導電路，可以實現 0 與 1 的疊加態。

世界上最早以超導電路實現量子位元的是當時隸屬 NEC 的中村泰信教授（現任職東京大學）、蔡兆申教授（現任職東京理科大學）等人。1999 年，他們確認了使用超導電路的量子位元動作。此後全世界的研究取得進展，從最初 1 奈秒的相干時間（量子性的壽命），到現在的數十微秒（數萬倍！），顯著提升。

## 8.3.2 約瑟芬接面

在超導電路中，藉由製作稱為約瑟芬接面（Josephson junction）的結構來實現量子位元。這個約瑟芬接面是簡單的三明治型結構：超導體－絕緣層－超導體（圖 8.3）。儘管絕緣層通常不會讓電流通過，但由於電子的波的性質，非常薄大約 1nm 左右的絕緣層可以被穿過（電流通過），稱為穿隧效應。在超導下實現這項效應，便能獲得量子位元所需稱為非線性的性質，實現超導量子位元。

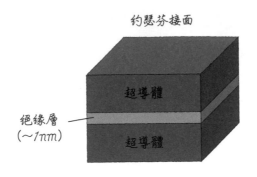

約瑟芬接面

超導體

絕緣層
（～1nm）

超導體

圖 8.3　約瑟芬接面

　　超導電路裡主要使用鋁、鈮等金屬。為了讓集積了這種超導量子位元電路和控制用電路的晶片（量子晶片）成為超導態，必須將其冷卻至數 mK 這樣的極低溫。因此，將這種量子晶片放入稱為稀釋冷凍機的特殊冷凍機裡進行操作。由於以超導電路實現的量子位元是做為電路的一部分建構，為了操作這些量子位元，各種控制用電路安裝在周圍，從外部控制和讀出量子態。

## 8.3.3　transmon 與磁通量量子位元

以超導電路實現量子位元的代表性方式有兩種：**transmon**、**磁通量量子位元**。

### • transmon

　　在 transmon 裡，藉由以約瑟芬接面的非線性讓能階（energy level）間隔不均勻，來準備雙態系統做為量子位元。主要用於實現量子電路模型的量子電腦，特徵是抗雜訊能力強、相干時間長。量子位元數目前大概為數十個左右。

### • 磁通量量子位元[1]

　　磁通量量子位元是製作包含約瑟芬接面的超導電路迴圈結構，以迴圈內的電流順時針、逆時針方向，來實現 "0" 狀態與 "1" 狀態的疊加態。目前主要用於量子退火，雖然相干時間不及 transmon，但以 D-Wave Systems 來說已實現約 2000 量子位元。

---

[1]：磁通量量子位元也是前述中村泰信等人開發的，時間是2003年，實現最早的量子位元四年後。

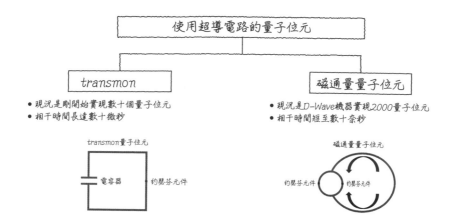

圖 8.4　使用超導電路的量子位元 [2]

　　量子位元數多就可以進行大規模的計算。然而，不能直接比較量子電路模型與量子退火的量子位元數。開發量子電路模型的各公司與量子退火的 D-Wave 機器，兩者實現的量子位元數差異達兩位數有其原因。因為用於量子電路模型的 transmon 型量子位元，以及用於量子退火的磁通量量子位元型，現階段兩種量子位元的「性能」差異極大。量子位元性能的重要指標稱為「相干時間」。這個相干時間是指量子位元保有量子力學性質的時間，意指量子位元的壽命。也就是說，與量子計算所需時間相比，相干時間較長者，其量子位元性能較高，因此計算能力較強。

　　如前所述，量子位元有「機率幅」與「相位」兩個性質，直到失去這兩個性質為止的時間，即為相干時間。如果相干時間短，計算過程中會混入雜訊而導致計算精度下降。

　　用於量子電路模型的 transmon 的相干時間目前約數十微秒（$10^{-6}$ 秒）左右，相較於此，D-Wave 機器的磁通量量子位元相干時間則為數十奈秒（$10^{-9}$ 秒）。

　　與量子閘操作所需的時間相比，量子電路模型的計算需要足夠長的相干時間。因為在相干時間這段時間裡，必須完成許多量子閘操作。另一方面，量子退火的相干時間當然也是越長越好，不過現況是實驗事實顯示計算時間比相干時間長，

*2：參見：川畑史郎，量子アニーリングのためのハードウェア技術，OR学会，2018，6月号，335-341。

現正研究在這種情況下是否能得到一定程度精度的穩定計算結果，以及當中是否存在量子效應[*3]。

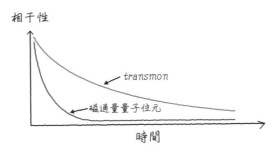

圖 8.5 量子位元的相干時間示意

### 8.3.4 NISQ 的量子霸權實證

在 2019 年 5 月的時點，以超導電路開發量子電腦的主要企業，包括 Google、IBM、Intel、Rigetti Computing、阿里巴巴等，正與多家公司的研究部門合作開發 transmon 量子位元及數個至數十個量子位元的量子電腦。現正開發 50 ～ 100 量子位元的 NISQ，當前的目標是以實際機器來實現量子霸權（量子優越性）。所謂量子霸權，是指實際證明了即便以目前性能最強的古典電腦（亦即超級電腦）也無法模擬計算其行為，設定的目標是實現如以 50 個量子位元進行 40 次量子閘操作、每次操作錯誤率 0.2%。此外，使用 NISQ 的有效量子演算法也在開發中，對於「實用性」量子電腦的期待高漲。

---

＊3：參見：西森秀稔、大関真之，量子アニーリングの基礎，2018。

# 8.4 ‖ 捕獲離子／冷卻原子

在超導電路廣受矚目的同時，其他方式的研究也穩步進展。所有物質都是由原子組成的。原子由帶正電荷的原子核與帶負電荷的電子所組成，正負電荷相同時稱為「中性原子」，相異時稱為「離子」。以雷射光和磁場在空間中捕獲中性原子或離子的技術已經確立，藉由這種方式可以個別直接操作單一原子。而這單一原子就可以做為量子位元使用。

## 8.4.1 使用捕獲離子技術的量子位元

以雷射光和磁場在空間中捕獲離子，直接操作捕獲離子來實現量子位元的方式，是最早實現量子位元操作的方式。1995 年，美國的瓦恩蘭和門羅（Christopher Monroe）等人的團隊，確認了使用雙量子位元的離子來進行量子計算實驗（圖 8.6）。

瓦恩蘭和使用中性原子進行量子控制研究的法國物理學家阿羅什共同獲頒 2012 年諾貝爾獎，而門羅現在創立了名為 IonQ 的新創企業，以實現運用捕獲離子技術的量子電腦。

瓦恩蘭

門羅

圖 8.6　對捕獲離子實現量子位元貢獻卓著的研究者

以電磁場在空間中捕獲離子的離子阱技術已經開發出來，目的是用於質譜法（mass spectrometry）[編注3]、精密磁場測量、原子鐘（atomic clock）[編注4]等。這項技術獲頒 1989 年諾貝爾物理學獎。此外，用雷射將離子冷卻至極低溫的技術（雷射冷卻）也歷經多年研究，這項技術獲頒 1997 年諾貝爾物理學獎。

1995 年，西班牙物理學家西拉克（Ignacio Cirac）和奧地利理論物理學家佐勒（Peter Zoller）提出以捕獲離子技術進行量子計算（雙量子位元間的 CNOT 閘），隨即由門羅和瓦恩蘭以實驗的手法實現。

這項方式是在空間中成列捕獲離子，並個別以雷射光照射來進行量子操作，特徵是透過整個離子列的集體振動現象，使得各個離子可以與其他所有離子交互作用的全結合（圖 8.7）。新創企業 IonQ 透過在薄片上捕獲鐿的陽離子實現量子電腦，目前可做到數十個量子位元。

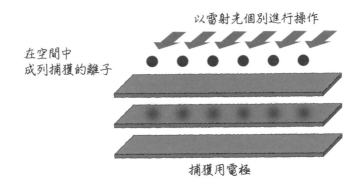

以雷射光個別進行操作

在空間中
成列捕獲的離子

捕獲用電極

圖 8.7　捕獲離子的方式

## 8.4.2　使用冷卻中性原子的量子位元

除此之外，還有在封入光的共振器中，藉由捕獲以雷射冷卻的冷卻中性原子讓光與原子強烈交互作用，將光子或原子做為量子位元使用的方式（共振器 QED），以及使用稱為芮得柏態（Rydberg state）的接近離子態之中性原子方式（使用芮得柏原子〔Rydberg atom〕、光晶格的量子模擬等）（圖 8.8）。

編注3：量測帶電粒子質量─電荷比，對其進行排序的分析方法。
編注4：以原子共振頻率標準來計算及保持時間準確性的時鐘。

## • 共振器 QED

QED 是 quantum electro-dynamics 的縮寫,即量子電動力學。將兩個鏡子對放,可形成封入光的共振器,藉由在兩個鏡子間捕獲以雷射冷卻的原子,可以使得光與原子產生量子交互作用。使用這個架構,能讓像是原子態對應於量子位元,藉由光來進行量子操作。

## • 芮得柏原子

讓電子在距離原子核很遠的位置圍繞原子核運行的狀態稱為芮得柏態,藉由製作出此狀態的原子能實現很強的量子交互作用。使用這個狀態的原子進行量子操作,實際進行量子模擬等。

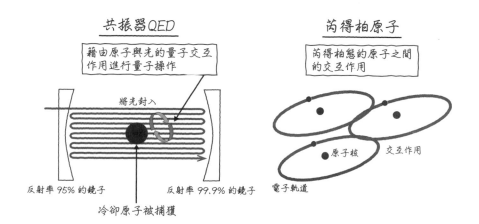

圖 8.8　使用冷卻中性原子的量子位元

## • 使用光晶格的量子模擬

透過從不同角度入射的多束雷射光之干涉,製作如雞蛋包裝盒的原子容器(=光晶格),在這個容器裡逐一放入原子,藉由讓原子之間產生交互作用來進行量子系統的模擬。

# 8.5 半導體量子點

使用半導體的矽和砷化鎵來實現量子位元的方式（半導體量子點），預期可善用至今（古典）電腦開發裡非常成熟的電晶體製造技術，尤其是矽的細微加工和集積化技術。1998 年提出使用半導體量子點的量子電腦構想，2006 年至 2011 年左右以這個方式實現了量子位元和量子閘操作。目前正在開發高精度控制數個量子位元的方法。

所謂「量子點」（quantum dot），是藉由在固體中將一個電子與外部隔離，排除其他電子影響的機制。和超導電路一樣，將隔離的電子冷卻至極低溫，可以實現穩定的量子位元。使用半導體來製作量子點，利用電子的「自旋」性質做為量子位元，被認為是大有可為的做法。讓兩種半導體（GaAs〔砷化鎵〕與 AlGaAs〔砷化鋁鎵〕等）的邊界貼合，電子便能在這個邊界面上自由移動。接著，在其上附加電極做出電磁場的壁面（電位），可將電子四面八方封閉關住（圖 8.9）。對這樣封閉住的電子之狀態，以附加在周圍的其他電極來控制、讀出，得以操作量子點。除了超導電路之外，Intel 也參與這個方式的研究，備受矚目。

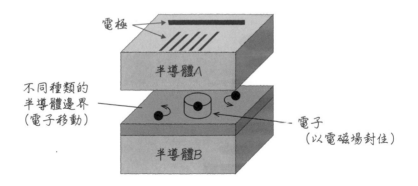

圖 8.9 矽自旋

# 8.6 鑽石 NV 中心

　　相較於 8.5 說明的半導體量子點必須冷卻至極低溫，這個方式即使在室溫下也可能實現量子位元。鑽石（碳的結晶）是將碳原子整齊地排列，變得非常堅硬（穩定）的晶體結構，而如果將本來應該存在碳的位置替換為氮原子，其鄰接位置會出現既非碳也非氮的空位。這個部分稱為**氮空位中心**（nitrogen-vacancy center，NV 中心），這樣即使在室溫下也能使用電子自旋或核自旋來實現穩定的量子位元（圖 8.10）。這個 NV 中心的存在讓鑽石帶有紫色或粉紅色。

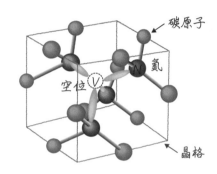

圖 8.10　鑽石 NV 中心

　　鑽石 NV 中心被認為能在室溫下長時間維持穩定的量子態，可望應用於量子通訊的量子記憶體和量子中繼器（quantum repeater）。在處理量子資訊的量子通訊領域，目前也已朝向量子密碼的實用性研究開發，並進行演示實驗。關於包含量子密碼的量子通訊技術，本書不會進一步詳述，但預期它會比量子電腦更早投入實際使用，各國正研究不僅是地面且含括宇宙的量子通訊技術。鑽石 NV 中心除了用於量子位元，也應用於做為量子通訊技術重要技術元素的量子記憶體和量子中繼器而受矚目。

　　此外，也期待鑽石 NV 中心應用於捕捉磁場等的微小變化的高感度量子感測器，世界各地正進行相關研究。

# 8.7 ‖ 使用光的量子位元

不同於前述使用超導電路或原子的量子位元，像雷射光一樣的「光」本身也能扮演量子位元的角色。這個方法可在室溫下進行，藉由與稱為矽光子學（silicon photonics）(編注5)的光波導（optical waveguide）(編注6)晶片製造技術及光纖等光通訊技術組合起來，實現量子電腦。

## 8.7.1 使用光子的量子計算

在量子力學裡，光既是波也是粒子。光的粒子性質，可用稱為「光子」的光微粒來處理。目前正在研究將這個光子做為量子位元使用的方法。由於光子正是微弱的光本身，使用光子的量子電腦能在室溫下操作，被期待與光纖通訊有良好的相容性。使用光子做為量子位元，需要釋放單光子的光源（單光子源〔single photon source〕），但要實現高效率的單光子源並不容易，目前也正進行研究。從單光子源釋放出的光子，能將光的振動方向（偏光）等做為量子位元使用，輸入於光的量子電路進行量子操作，實現量子計算。接下來介紹兩種主要的量子操作方法。

### • 線性光學方式

藉由讓一部分光穿透的鏡子（分光鏡）或相位偏移器之類的線性光學裝置來進行光子的操作，以及運用光子檢測器的非線性之量子計算手法，儘管也有憑藉機率操作的，但能組合量子遙傳電路等，實現通用量子計算。

### • 利用共振器 QED 的方式

藉由利用線性光學裝置和 8.4.2 介紹的共振器 QED，進行光子的量子操作。以線性光學裝置來操作單量子位元閘、以與共振器中原子的交互作用來操作高效率的雙量子位元閘，得以實現有效率的量子計算。

---

編注5：使用矽做為光傳輸介質的光子系統研究應用。
編注6：引導可見光段中的電磁波的物理結構，包括矩形波導等。

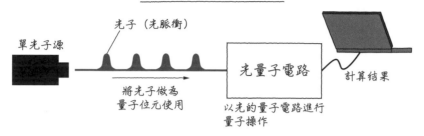

圖 8.11　使用光子的量子電腦

## 8.7.2　使用連續量的量子計算

　　為了以光來實現量子位元，有一種方式是使用稱為壓縮光（squeezed light）的特殊光。所謂壓縮光，與一般的雷射光（稱為同調光〔coherent light〕）相比，會讓電場的波動變化，使其有特殊的光子數分布等，可說是增強了量子性的光之狀態。藉由讓雷射光入射特殊的結晶，就可以生成這種壓縮光。如果使用壓縮光，可進行不同於目前為止說明的利用光子量子位元的量子計算，而以稱為連續量量子計算的方式進行。對應於連續量量子計算的量子位元「量子模式」是以「光的狀態」來實現，藉由讓光的狀態逐一變化的操作來進行量子計算。東京大學古澤明教授的團隊和加拿大新創企業 XANADU 正投入這個領域的研究。

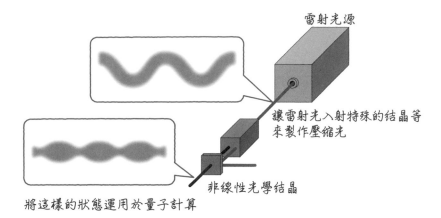

雷射光源

讓雷射光入射特殊的結晶等
來製作壓縮光

非線性光學結晶

將這樣的狀態運用於量子計算

圖 8.12　使用光的量子位元

# 8.8 ‖ 拓撲超導體

　　量子計算模型中有一種稱為拓撲量子計算的方法，這項方法在計算量上與量子電路模型等價（參見第六章的 COLUMN）。拓撲量子計算是使用名為「辮群」的數學理論來進行量子計算，實現方式之一是用稱為**馬約拉納粒子**的方法，期待能藉由**拓撲超導體**來製作出這種粒子（圖 8.13）。

　　使用拓撲超導體實現量子電腦的方式，預期抗雜訊能力佳，Microsoft 正致力研發。

　　Microsoft 正實現將極細的線（奈米線）接合於超導體的拓撲超導體，進行拓撲量子計算的研究。這方面的研究才剛開始，預計要具體實現仍困難重重。

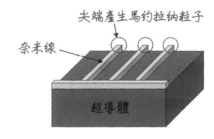

圖 8.13　拓撲超導體示意

## COLUMN

### 純態與混態

開始學習量子電腦，就會接觸到「純態」（pure state）與「混態」（mixed state）這些詞彙。特別是處理量子電腦的錯誤等情況，「混態」的思考方式很重要。此外，為了加深對量子位元「疊加態」的理解，在此介紹必懂的概念。

#### • 純態

所謂純態，舉例來說，就像截至目前說明過的量子位元狀態本身。這是純粹的量子狀態，因此稱為純態。如同至今的說明，純態的一個量子位元，用 α 與 β 這兩個複數（複數振幅）來表現，這些複數的絕對值平方為機率。這個複數表現了波，而這個波的振幅稱為「機率幅」。「機率幅」是量子力學特有的「機率」，就稱它為「量子機率」吧。

#### • 混態

另一方面，我們日常生活裡也常用到機率，比如擲骰子或丟銅板等。這種情況下使用的機率大多與量子力學無關，就稱它為「古典機率」吧。包含古典機率的情況，稱為混態。

量子位元的機率幅是「量子機率」　　　　丟銅板出現正反面的機率是「古典機率」

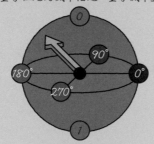

圖 8.14　量子機率與古典機率

如上所述，量子力學有「量子機率」與「古典機率」兩種機率，可想見剛開始會令人慌亂。以下面的例子來說明這兩種機率的差異吧。

### • 純態與混態的差異

A 先生與 B 先生正在玩「猜猜箱子裡是什麼的遊戲」（圖 8.15）。A 先生在準備好的箱子裡放入一個量子位元，問 B 先生箱子裡的量子位元是 "0" 還是 "1"。

假設如狀況①，A 先生將均勻疊加態的一個量子位元放入箱子裡。這個量子位元是純態，以量子機率來說，必須測量才能知道它是 0 還是 1。換言之，這個情況是 A 先生和 B 先生都不知道會出現 "0" 還是 "1" 的狀態。

而如果是狀況②，A 先生隨機選擇把 |0⟩ 或 |1⟩ 放入箱子裡。這裡假設 A 先生將確定為 |1⟩ 狀態的量子位元放入箱子。在這種情況下，對 A 先生來說，可以確定必定會出現 "1"，但對 B 先生來說，和狀況①一樣，不知道會出現 "0" 還是 "1"。像這樣的狀況，儘管對 A 先生來說是純態，但對 B 先生來說箱子裡是「古典機率」，可說處於「混態」。B 先生是處於不知道 A 先生選了什麼的狀況。

圖 8.15　純態與混態

就像這裡對 B 先生來說一樣，量子力學裡即便是同樣的 50% 機率，也要區別是「量子機率」或「古典機率」來處理。那麼，究竟為何必須區別兩種機率呢？

用簡單的例子來解說答案。

## • 古典機率裡沒有「干涉現象」

　　來想想如狀況②裡以古典機率出現 0 或 1 的機率位元吧。對這個機率位元，試著加上像是 H 閘操作。無論箱子裡是 |0〉或 |1〉，依據 H 閘，會變為 |0〉與 |1〉的均勻疊加態（以 |1〉的情況來說是相位反轉）。若以此做為計算基底來測量，無論加上 H 閘之前是 |0〉還是 |1〉，出現 |0〉或 |1〉的機率各為 50%。

　　另一方面，如果對如狀況①裡的量子機率之疊加態量子位元加上 H 閘操作，由於有進行兩次 H 閘操作會回復原狀的性質，將是相位一致之均勻疊加態的 |0〉狀態。因此，以這個量子位元做為計算基底來測量，必定會出現 |0〉。這是由於量子位元的干涉現象所致，也可想成是出現 |1〉的量子機率（機率幅）被減弱的干涉所打消。

　　就像這樣，如果將具古典機率的機率位元用於量子計算，會因為沒有干涉現象而無法進行正確的量子計算。

　　在量子計算裡，由於運用量子位元具有的「量子機率」這個特徵，有足夠高比例純態的量子位元不可或缺。因此，用有「古典機率」的機率位元或試著模擬量子位元，也無法進行量子計算。

## • 去相干

　　將有量子機率的量子位元（純態）變更為古典機率（混態）的過程，稱為去相干。所謂相干性，意指可干涉性，也就是持有波的性質「進行干涉」。保持這個相干性的時間稱為相干時間，不再有相干性則稱為去相干。相干時間亦即量子位元的壽命，因來自外界的雜訊而發生去相干，破壞了純態而成為混態的時間。由於量子錯誤更正能修正去相干造成的錯誤，如果能以錯誤更正碼來保護量子位元，延長其相干時間至量子計算結束，便能實現容錯量子計算。

# 量子電腦計算方法彙整

試著彙整計算方法吧。量子電路模型和量子退火的量子計算流程如下所示：

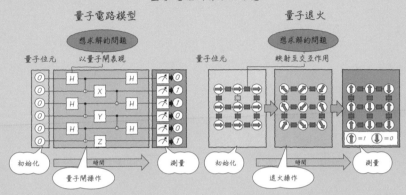

圖 8.16　量子電腦的計算方法

　　上圖顯示對應於 1.2.1 用以說明量子電腦動作的三個基本步驟（量子位元的初始化、量子操作、計算結果的讀出）。無論是量子電路模型或量子退火，首先都會準備量子位元並將其初始化。一般來說，量子電路模型會全部初始化為"0"狀態。另一方面，量子退火會以橫向磁場來全部初始化為"0"與"1"各為 50% 的狀態。接著，對量子位元實施量子閘操作或退火操作這類量了操作來進行計算。這裡對於想求解的問題，若為量子閘操作，以量了閘的組合來表現；若為量子退火，則是映射至最初設定的量子位元間的交互作用。最後，藉由測量量子位元的狀態，讀出計算結果。

# 參考文獻

## 第 1 章

スコット・マッカートニー . エニアック - 世界最初のコンピュータ開発秘話（日暮雅
　　通 訳）. パーソナルメディア , 2001

R. P. ファインマン , A. ヘイ , R. アレン . アレンファインマン計算機科学（原康夫 , 中
　　山健 , 松田和典 訳）. 岩波書店 , 1999

ジョン・グリビン . シュレーディンガーの猫、量子コンピュータになる。（松浦俊輔
　　訳）. 青土社 , 2014

古田 彩 . 二人の悪魔と多数の宇宙 : 量子コンピュータの起源 . 日本物理学会誌 59 巻 8
　　号 , 2004


## 第 2 章

ランス・フォートナウ . P ≠ NP 予想とはなんだろう ゴールデンチケットは見つかる
　　か？（水谷淳 訳）. 日本評論社 , 2014


## 第 3 章

森前智行 . 量子計算理論 量子コンピュータの原理 . 森北出版 , 2017


## 第 4 章

コリン・ブルース . 量子力学の解釈問題—実験が示唆する「多世界」の実在〔ブルー
　　バックス〕（和田純夫 訳）. 講談社 , 2008


## 第 7 章

田中宗他 . 量子アニーリングの基礎と応用事例の現状 . 低温工学 53 第 5 号 , 2018,
　　287-294

川畑史郎 . 量子コンピュータと量子アニーリングマシンの最新研究動向 . 低温工学 53
　　第 5 号 , 2018, 271-277

大関真之 . 量子アニーリングによる組合せ最適化 . OR 学会 6 月号 , 2018, 326-334

川畑史郎 . 量子アニーリングのためのハードウェア技術 . OR 学会 6 月号 , 2018, 335-
　　341

Denchev, Vasil S., et al. What is the computational value of finite-range tunneling?. Physical Review X 6.3, 2016, 031015.

## 第 8 章

川畑史郎. 量子アニーリングのためのハードウェア技術. OR 学会 6 月号, 2018, 335 (2018).

## ●量子電腦相關書籍

**竹内繁樹. 量子コンピュータ—超並列計算のからくり （ブルーバックス）. 講談社 , 2005**
以平易的文筆解說量子電腦基礎知識。本書第三章至第六章撰稿參考。

**西野哲朗. 図解雑学 量子コンピュータ. ナツメ社 , 2007**
主題式圖解量子電腦的基礎知識。

**ミカエル・ニールセン , アイザック・チャン. 量子コンピュータと量子通信 I ～ III（木村達也 訳）. オーム社 , 2004**
量子電腦的標準教科書，收錄幾乎所有重要的主題。英文版：*Quantum Computation and Quantum Information*, Michael Nielsen and Isaac Chuang, Cambridge University Press, 2000。

**宮野健次郎 , 古澤明. 量子コンピュータ入門（第 2 版）. 日本評論社 , 2016**
量子電路和量子演算法的入門好用教科書。

**中山茂. 量子アルゴリズム. 技術堂出版 , 2014**
蒐羅基本的量子演算法的教科書。

**森前智行. 量子計算理論 量子コンピュータの原理. 森北出版 , 2017**
包含許多計算量理論等專業內容，但也有關於量子電腦本質的豐富重要內容。

**小柴健史 , 藤井啓祐 , 森前智行. 観測に基づく量子計算. コロナ社 , 2017**
測量型量子計算專業書籍，並解說量子錯誤更正、測量型拓撲量子計算等。

西森秀稔 , 大関真之 . 量子コンピュータが人工知能を加速する . 日経 BP 社 , 2016
量子退火普及著作。

西森秀稔 , 大関真之 . 量子アニーリングの基礎（基本法則から読み解く物理学最前線
　　18）. 共立出版 , 2018
說明量子退火，並進一步含括專業內容。

穴井宏和 , 斎藤努 . 今日から使える組合せ最適化 離散問題ガイドブック . 講談社 , 2015
說明組合最佳化。本書第七章撰稿參考。

コリン・ブルース . 量子力学の解釈問題―実験が示唆する「多世界」の実在（ブルー
　　バックス）（和田純夫 訳）. 講談社 , 2008
詳述量子力學中重要的「測量」概念。

神永正博 . 現代暗号入門 いかにして秘密は守られるのか（ブルーバックス）. 講談社 ,
　　2017
解說目前使用的密碼技術。

石坂智 , 小川朋宏 , 河内亮周 , 木村元 , 林正人 . 量子情報科学入門 . 共立出版 , 2012
日本研究者撰寫的量子資訊理論極豐富的教科書。

占部伸二 . 個別量子系の物理 - イオントラップと量子情報処理 -. 朝倉書店 , 2017
解說捕獲離子式量子電腦等的教科書。

日経サイエンス 日経サイエンス社
經常報導量子電腦相關議題的月刊雜誌。本書參考：2016 年 8 月号「特集　量子コン
　　ピューター」、2018 年 2 月号「緊急企画　日本版『量子』コンピューター」、
　　2018 年 4 月号「特集　量子コンピューター　米国の開発最前線を行く」、2019 年
　　2 月号「特集　最終決着　量子もつれ実証」。

# 結語

非常謝謝您讀完本書。本書最後謹附上開始撰寫本書的個人歷程。

筆者在研究所時期曾修過細谷曉夫老師的量子資訊課程,對量子電腦抱持興趣。記得當年閱讀竹內繁樹老師出版的 Bluebacks 系列《量子電腦超平行計算的機制》(量子コンピュータ超並列計算のからくり)乙書時,對自己來說過於困難而覺得挫折。之後進入職場,2013 年 10 月自主地從「量子資訊讀書會」開始,一點一滴學習。接著自 2015 年左右,新聞中開始出現關於 D-Wave Systems、IBM、Google 研究開發量子電腦的報導,筆者也獲得機會在翔泳社的 Web 雜誌 CodeZine 連載「給 IT 工程師的量子電腦入門」。此外,很榮幸地在翔泳社主辦的「Developers Summit 2018」登台演講,正因當時演講的契機而有了執筆本書的機會。2017 年 6 月開始,參加 MDR 株式會社主辦的讀書會,和 MDR 的湊、加藤,以及 OpenQL 專案的山崎等讀書會成員,一起分享各自擅長領域的資訊,得以大幅增廣知識。因此,本書提及的內容不僅包括量子電路模型,也囊括量子退火和軟體、硬體的部分。

最後,對於讓筆者有機會在 CodeZine 連載的翔泳社近藤、撰寫本書時提供建議的 OpenQL 專案的山崎、OpenQL 和 MDR 讀書會諸位參加者,還有以加藤、久保、門間為首的量子資訊讀書會成員,非常感謝大家的照顧。此外,感謝以日立製作所研究開發團隊光資訊處理研究部星澤部長為首的諸位研究部成員的支援。還有,翔泳社的綠川、惠予監修的德永先生,大力協助本書的撰寫。謹此表達由衷的謝意。

2019 年 6 月吉日

**宇津木健**

國家圖書館出版品預行編目資料

圖解量子電腦入門：8堂基礎課程+必懂關鍵詞解說，從計算原理到實務應用、通訊到演算，破解讓人類大躍進的科技新浪潮／宇津木健著；德永裕己監修；莊永裕譯. -- 初版. -- 臺北市：臉譜，城邦文化出版：家庭傳媒城邦分公司發行, 2020.11
　　面；　公分. --（科普漫遊；FQ1066）

譯自：絵で見てわかる 量子コンピュータの仕組み

ISBN 978-986-235-860-3（平裝）

1. 量子力學　2. 電腦程式設計

331.3　　　　　　　　　　　　　　　109011361

絵で見てわかる 量子コンピュータの仕組み
(E de Mite Wakaru Ryoshicomputer no Shikumi: 5746-7)
Copyright © 2019 by Takeru Utsugi.
Original Japanese edition published by SHOEISHA Co., Ltd.
Complex Chinese Character translation rights arranged with SHOEISHA Co., Ltd.
through JAPAN UNI AGENCY, INC.
Complex Chinese Character translation copyright © 2020 by Faces Publications, a division of Cité Publishing Ltd.
All Rights Reserved.

科普漫遊　FQ1066

## 圖解量子電腦入門

8堂基礎課程+必懂關鍵詞解說，從計算原理到實務應用、通訊到演算，
破解讓人類大躍進的科技新浪潮

作　　　　者　宇津木健
監　　　　修　德永裕己
譯　　　　者　莊永裕
副 總 編 輯　劉麗真
主　　　編　陳逸瑛、顧立平
封 面 設 計　廖韡

發　行　人　涂玉雲
出　　　版　臉譜出版
　　　　　　城邦文化事業股份有限公司
　　　　　　台北市中山區民生東路二段141號5樓
　　　　　　電話：886-2-25007696　傳真：886-2-25001952
發　　　行　英屬蓋曼群島商家庭傳媒股份有限公司城邦分公司
　　　　　　台北市中山區民生東路二段141號11樓
　　　　　　客服服務專線：886-2-25007718；25007719
　　　　　　24小時傳真專線：886-2-25001990；25001991
　　　　　　服務時間：週一至週五上午09:30-12:00；下午13:30-17:00
　　　　　　劃撥帳號：19863813　戶名：書虫股份有限公司
　　　　　　讀者服務信箱：service@readingclub.com.tw
香港發行所　城邦（香港）出版集團有限公司
　　　　　　香港灣仔駱克道193號東超商業中心1樓
　　　　　　電話：852-25086231　傳真：852-25789337
馬新發行所　城邦（馬新）出版集團 Cité (M) Sdn Bhd
　　　　　　41-3, Jalan Radin Anum, Bandar Baru Sri Petaling, 57000 Kuala Lumpur, Malaysia
　　　　　　電話：603-90563833　傳真：603-90576622
　　　　　　E-mail: services@cite.my

初 版 一 刷　2020年11月5日
ISBN 978-986-235-860-3

**定價：420元**

城邦讀書花園
www.cite.com.tw

版權所有‧翻印必究（Printed in Taiwan）
（本書如有缺頁、破損、倒裝，請寄回更換）